湿地生态资源的开发与保护研究

吴桂玲　著

U0339958

中国纺织出版社有限公司

内 容 提 要

湿地是地球上水陆相互作用形成的独特生态系统，是重要的生物生存环境，同时也是自然界最富生物多样性的生态景观之一。《湿地生态资源的开发与保护研究》分七章，从湿地生态资源保护与开发的理论基础出发，根据我国湿地生态旅游资源的基本概念，总结了湿地生态系统的功能和作用，指出了我国湿地生态旅游资源保护与开发的现实障碍，提出了我国湿地生态资源保护与开发的思路，以优化我国湿地生态资源保护管理的途径，从而实现我国湿地生态资源的可持续发展。

图书在版编目(CIP)数据

湿地生态资源的开发与保护研究 / 吴桂玲著 . -- 北京 : 中国纺织出版社有限公司，2022.12
ISBN 978-7-5229-0168-8

Ⅰ . ①湿…　Ⅱ . ①吴…　Ⅲ . ①沼泽化地—自然资源保护—中国　Ⅳ . ①P942.078

中国版本图书馆 CIP 数据核字（2022）第 243079 号

责任编辑：柳华君　责任校对：高　涵　责任印制：储志伟

中国纺织出版社有限公司出版发行
地址：北京市朝阳区百子湾东里 A407 号楼　邮政编码：100124
销售电话：010—67004422　传真：010—87155801
http://www.c-textilep.com
中国纺织出版社天猫旗舰店
官方微博 http://weibo.com/2119887771
三河市宏盛印务有限公司印刷　各地新华书店经销
2022 年 12 月第 1 版第 1 次印刷
开本：787×1092　1/16　印张：11.25
字数：230 千字　定价：98.00 元

凡购本书，如有缺页、倒页、脱页，由本社图书营销中心调换

前 言

Preface

　　湿地与森林、海洋并称为全球三大生态系统，除了具有独特的自然景观价值外，还具有调节气候、涵养水源、净化过滤、提供生产生活原材料、保护生物多样性等重要的生态功能和重要的生态、经济、社会价值。根据有关调查显示，仅占全球地表面积 8.6% 的湿地，却支持了全球 23% 以上的物种数量，同时具备极高的生产力。湿地还有重要的碳汇功能，一方面，湿地为大量植物提供了良好的生长环境，植物的生长需要吸收二氧化碳来转化为植物体内的碳；另一方面，泥炭沼泽湿地本身就是巨大的碳库。据有关专家统计，我国湿地碳储量约 47 亿吨，其中若尔盖湿地碳储量是 19 亿吨，平均每公顷超过 4300 吨，折合成二氧化碳是 1.5 万吨，$1hm^2$ 的固碳量相当于 8000 辆小汽车一年的排放量。专家曾对中国生态系统功能与效益进行了价值估算，结果得出中国生态系统效益的总价值为人民币 77834.48 亿元 / 年（以 1994 年人民币为基准），是同年 GDP 的 1.73 倍。其中陆地 56098.46 亿元 / 年，海洋 21736.02 亿元 / 年，而湿地生态系统效益价值高达 26763.9 亿元 / 年，占全国陆地生态系统效益总价值的 47.71%。[1]

　　早期，中国湿地生态系统的重要性没有引起人们的足够重视，直到近些年，人们逐渐意识到湿地资源的功能和价值是巨大的且不可替代，对待湿地也从最初的以开发利用为主逐渐转变成生态优先、合理利用，强调湿地资源的保护修复以及用途管制，并对重要湿地采取了保护和恢复措施。自加入《关于特别是作为水禽栖息地的国际重要湿地公约》（以下简称《湿地公约》）以来，我国陆续发布了《关于加强湿地保护管理的通知》《中国湿地保护行动计划》《全国湿地保护工程规划（2002—2030 年）》《全国湿地保护工程实施规划》等多个重要文件，对湿地的保护、修复和管理提出要求，湿地管理和保护工作取得了显著的进步。但是，根据全国第二次湿地资源调查报告显示，湿地仍然面临着围垦、改造、污染、外来物种入侵和过度放牧等威胁，湿地面积萎缩、功能退化依然严重。《湿地生态资源的开发与保护研究》分七章，从湿地生态资源保护与开发的理论基础出发，根据我国湿地生态资源的基本概念，总结了湿地生态系统的功能和作用，指出了我国湿地生态资源保护与开发

---

[1]　陈仲新，张新时 . 中国生态系统效益的价值 [J]. 科学通报，2000（1）：17-18.

中的现实障碍，提出了我国湿地生态资源保护与开发的思路，以优化我国湿地生态资源保护管理的途径，从而实现我国湿地生态资源的可持续发展。

吴桂玲

2022 年 9 月

目 录

Contents

第一章　导论

第一节　研究背景

一、生态文明建设地位日益突出

在生态文明建设已成为新时代发展的主旋律和国家的重大战略并日益受到全社会重视的今天，构建美好人居环境成为我国社会可持续发展的必然要求，大力开展生态修复，使城市再现绿水青山，使受损的自然环境得以恢复成为经济社会健康发展的重要前提。而作为协调人地关系，构建美好人居生态环境的风景园林师更是责任重大。

二、湿地公园规划建设与日俱增

保护湿地现已成为全人类社会的共识。建设湿地公园是湿地保护与发展的关键抓手。自 1992 年加入国际《湿地公约》以来，我国对湿地保护工作日益重视。

（一）城市湿地公园建设的重要性

湿地生态系统是自然界中具有独特功能的生态系统，广泛分布于地球生物圈，是自然资源的重要内容之一。快速增长的人口形势、高速发展的经济状况以及不断扩张的城市范围等严峻现象与局面导致湿地面积减少、湿地资源过度开发等一系列生态安全问题的产生。作为湿地保护的有效手段之一，城市湿地公园以丰富的湿地自然生态资源以及良好的湿地景观资源为建设基础，并以科普宣教、休闲旅游、文化传播等功能为辅，为人们认识了解湿地生态系统提供了重要的科普教育场所，有助于提高人们的科学环保意识，同时城市湿地公园建设有一定规模的服务设施，使之成为人们放松身心、观光游览的好去处。

城市湿地公园除了具有生态休闲游览功能外，更重要的是为城市发展提供生态价值，湿地作为城市湿地公园的生态主体，是一种水陆相间的独特生态系统，具有良好的生态环境调节功能，在调节局部地区小气候、提升城市水环境治理效果，在缓解城市热岛效应的同时，保护并增加城市生物多样性，从而形成城市的生态屏障，提高城市生态水平。

因此，建设城市湿地公园，能够有效地遏制并改善城市建设中对湿地资源的不合理利用与破坏现象，维护城市湿地自然生态系统的基本生态结构特性和功能，同时最大限度地发挥湿地在改善城市自然生态环境、美化城市景观环境、开展湿地科普教育和提供生态观光游览活动场所等方面所具有的生态、经济和社会效益，优化提升城市整体自然环境，进而改善城市居民的生活品质，最终实现人与自然和谐发展的目标。

（二）国家对于城市湿地公园建设的重视

近年来，国家在湿地保护与管理方面建设力度不断增大，已取得了令人瞩目的成就，国家在法律法规层面、方针政策层面、资金投入层面以及工程建设层面均采取了强有力的措施来加强湿地保护力度，并实施了一系列重大举措来对湿地进行保护管理，如发布并实施《中国湿地保护行动计划》以及编制《全国湿地保护工程规划（2002—2030年）》。

截至目前，中国共建立473处湿地保护区，其中有30处湿地被列入了《湿地公约》中的国际重要湿地名录，湿地保护区的总面积高达5542万hm^2，40%的天然湿地以及多种国家珍稀水禽得到了保护。

随着湿地保护与湿地资源合理利用工作的广泛开展，中国的湿地保护事业发展到达了一个全新的里程碑，人们的关注视线不再单纯聚焦在湿地保护本身，而是越来越多地集中到了有关湿地保护与城市发展等相关方面，因此城市湿地公园逐渐进入大家的视野。城市湿地公园作为湿地保护的最佳手段方法之一，行业内对城市湿地公园建设中所涉及的湿地生态系统保护的理念、方针、政策等进行了探讨，同时对城市湿地公园规划理论与实践开展了广泛深入的讨论与交流，归纳得出问题的源头在于湿地的保护与合理利用。

随着经济社会的不断发展，为满足人们日益增长的物质文化生活需求与城市湿地公园资源保护的迫切性，2004年，从国家住房和城乡建设部首次批准建立山东荣成市桑沟湾城市湿地公园开始，城市湿地公园的建设不断发展壮大。2005年，国家又批准设立9个城市湿地公园，包括北京翠湖国家湿地公园、绍兴市镜湖湿地公园、无锡市长广溪湿地公园等；2007年，又新增包括银川市宝湖国家城市湿地公园、讷河市雨亭国家城市湿地公园等在内的12个城市湿地公园。截至2020年，全国共有湿地面积5360万hm^2，湿地保护率达52%，湿地公园遍布31个省（区、市），城市湿地公园的身影遍布北京市、重庆市、广东省、贵州省、江苏省、湖北省、山东省、浙江省、河南省、山西省、河北省、甘肃省、黑龙江省、辽宁省、吉林省等23个省、直辖市和自治区。

第二节　研究综述

一、国外研究现状及进展

国外针对湿地与湿地公园的研究对比我国仍然居于比较优先的位置，在湿地保护和湿地利用方面已经取得了相当大的成果。

美国是世界上湿地分布范围最广泛的国家之一。在全球湿地研究中居于领先水平。全国建造了很多湿地公园，如佛罗里达奥兰多湿地公园、华盛顿郊外的亨特利湿地公园与南部雪松湿地公园都闻名遐迩。此类大型湿地公园一旦建成，将会转变成当地人民与全市居民生态休闲与环境保护教育的综合性中心。从20世纪40年代以来，很多国家都建立了专门的湿地调查研究部门。

比如，美国的湿地科技家们就建立了该湿地协会，加拿大也建立了湿地工作小组。此类湿地研究单位主要分布于几个全球性的国际重要湿地，例如佛罗里达大学驽马扎瓦湿地、亚马孙流域湿地持续爱护项目计划和提交方案。

再者，为了保护西欧湿地中的泥炭土壤，世界上许多国家的政府和机构都在西方发达国家的湿地环境保护规划中制定了限额或停止对泥炭的开采等一系列措施，禁止将其当作土壤改良的原材料和工业化原材料来使用。

由于荷兰的特殊土地资源和自然的地形，荷兰实际上是一个从海上开垦土地的民族。1990 年，荷兰农业农村部正式宣布制订了《自然政策计划》，计划农民使用 30 年的业余时间把一部分已被重新开垦好的荷兰土地重新开垦归回荷兰大海。当中，生态廊道"规划方案指的是以南北 250hm² "湿地为中心的生态系地带为规划中心的一个生态区❶。

在整个美国，政府将有机会通过制定相关的湿地法律、经济政策激励与风险控制实施手段、湿地保护国际合作伙伴关系计划项目资助开发，以及湿地国家公园、国家重点野生动物自然保护区、湿地保护环境与生态恢复技术研究中心等多种方式来维持和改善保护美国湿地的生态环境与恢复生态系统。美国政府还提出审议了 100 英亩❷天然湿地恢复项目建设计划、100 英亩人工湿地重建项目与 100 英亩人工湿地建造项目提案，提出 10~20 年人工湿地建造项目。总统克林顿于 2000 年 12 月签署了《湿地保护法》，拨出 78 亿美元资金用于重新修复佛罗里达州南部的大沼泽地，并且还有一项计划在今后 30 年内继续向佛罗里达州拨出特殊资金，以便重新修复大沼泽地貌。

此外，美国还对湿地采取了"零损失"的政策，即在规划和建设过程中，如果湿地遭到了破坏，将在适当的时间和地方修建同等大小规模的湿地，并对受到破坏的湿地按相同规模和大小的区域来修建，以作为对湿地的补偿。截至今日，美国共有 20 个州正式公布了对湿地的管理方案，如果这些方案能够得以实施，将会使更多湿地获得保护❸。

在日本，川路湿地公园是全国最大的湿地公园。随着人民群众活动率的提升与川路流域经济成长，川路湿地面积急剧减少。日本国土交通省积极采取修建河岸森林等 12 项总体规划措施，防止大量泥沙进入。在荒无人烟的环境中植树造林，提高其保水性能，减少对土壤的侵蚀，利用其周围开放的空间，适当增加地下水的含量，控制其对湿地资源的再生，恢复其他湿地中有害动植物。蜿蜒流转的自然河道维持着野生动物的健康生存与繁殖，环境使得公众可以参与到对湿地的调查和管理中来，强调了维护与利用相结合。为恢复川路湿地环境，加强环境教育，推动区域合作与经济振兴，保护与使用川路湿地，1987 年建立川路国家湿地公园。

整体而言，国际层面上针对湿地公园的相关研究相当广泛，涉及庞大的学科范围。但

❶ 吴后建，黄琰，但新球，等.国家湿地公园建设成效评价指标体系及其应用——以湖南千龙湖国家湿地公园为例 [J]. 湿地科学，2014（5）：638-645.
❷ 1 英亩约为 0.404686 公顷.
❸ 马冲亚，徐喆，刘吉平.基于 SWOT 分析的长春南湖湿地公园生态旅游开发研究 [J].吉林师范大学学报（自然科学版），2014（4）：144-147，153.

在广度上尚未组成详尽的研究理论体系，很多基本理念仍在深入研究中，系统的湿地公园专业理论尚未呈现。

二、国内研究现状及进展

中国早年尚未出现"湿地"这一名词，20世纪50年代相关文献均以"沼泽"作为同义指代，自60年代起相关的系统研究开始出现，直至80年代末《中国自然保护纲要》对湿地的定义作出明确阐释[1]，才推动了国内学者对各界湿地研究的进程[2]。

据统计，截至2020年，实施湿地生态效益补偿补助、退耕还湿、湿地保护与恢复补助项目2000余个，新增湿地面积20.26万hm^2，湿地保护率达到50%以上。近段时间以来，我国湿地公园的研究主要整合到湿地种类区分、湿地功能评价、天然湿地实践调查、湿地恢复、城市湿地景观建造、净水湿地的污水处理等方面[3]。

中国政府机关部门意识到应当适时利用湿地资源，并以此为根基实施湿地恢复的重要性，接连颁布各项法令鼓励湿地公园的设计营建。部分法令使得湿地利用原先局限与湿地保育区范围的规约被打破，越发多的城市规划师、园林师尝试在城市、郊野范围进行保护湿地修复和规划设计建设。我国国内对湿地公园的研究主要整合到有关对湿地功能设计定位和功能性问题[4]、城市湿地景观建造[5]、净水湿地水处理研究[6]、湿地景观价值评估[7]等方面。我国目前对湿地公园的建设研究资历尚浅，大多是整合到城市公园的休旅方面，对详尽计划设计系统的研究相对较少，缺少生态学机理的支持与系统的理念引导。但由于我国对湿地旅游的开展比较重视，修建成的城市湿地公园中也有不少成功案例。

截至2020年，新增国家湿地公园201处，国家湿地公园共899处。这些成功的项目和案例，在项目设计过程中都是结合多学科的研究，生态资源保护，合理的规划和管理，既使项目具有良好的自然生态群落，完整的自然生态系统，又使项目达到了开展科研教育、休闲娱乐、调控城市气候和环境等目的。这为我国湿地研究工作提供了很多实践经验，同时还可以让人们看到当前我国湿地理论与实践方面所取得的突破性进展，以及我国湿地公园规划与建设工作的发展前景。

三、湿地生态学前沿探索

（一）湿地与全球变化

1. 气候变化与湿地植被分布

湿地植物对气候变化极为敏感。大气CO_2浓度、大气和海洋温度、降水等多因素相互

❶ 王宪礼，李秀珍. 湿地的国内外研究进展 [J]. 生态学杂志，1997（1）：58-62.
❷ 殷康前，倪晋仁. 湿地研究综述 [J]. 生态学报，1998（5）：539-546.
❸ 喻本德，叶有华，郭微，等. 生态保护红线分区建设模式研究：以广东大鹏半岛为例 [J]. 生态环境学报，2014（6）：962-971.
❹ 崔心红. 建设湿地园林，改善生态环境：上海市湿地园林建设的探索 [J]. 中国园林，2002（6）：60-63.
❺ 李学伟. 城市湿地公园营造的理论初探 [D]. 北京：北京林业大学，2004.
❻ 吴杰. 城市人工湿地景观 [D]. 南京：南京林业大学，2012.
❼ 王保忠，何平，李建龙，等. 南洞庭湖湿地文化遗产的生态旅游价值研究 [J]. 北京林业大学学报（社会科学版），2004，3（4）：10-15.

作用，会显著影响全球或区域尺度湿地生态系统的空间分布，同时影响其结构和功能。目前的监测结果显示，在全球低纬度热带亚热带地区已出现红树林入侵盐沼湿地的现象。大气 CO_2 通过影响植物光合作用速率和水分利用效率进而影响红树林和滨海盐沼湿地植物生长及其种间竞争过程。同时，温度通过低温限制影响红树林的分布，而气候变暖又会引起红树林向盐沼的入侵。

另外，温度升高会引起区域尺度降水变化和红树林适宜栖息生境变化，而干旱同样是影响全球红树林分布的一个决定性指标。极端干旱事件等会引起盐沼植物大面积死亡，红树林对干旱的响应可能因为在更高的 CO_2 浓度下水分利用效率发生变化进而得以缓解，最终利于红树林扩张。目前，国内外关于滨海盐沼和红树林对 CO_2 变化的响应研究已经逐渐开展，但是缺乏关于滨海湿地植物群落应对温度和降水变化的长期连续数据，许多问题的理解局限于针对个别干旱或寒冷事件的观察研究。同时，关于盐沼湿地植物分布限制的研究仍十分缺乏，阻碍了对目前植被动态的解释及关于气候变化背景下滨海湿地物种分布的科学预测。与此类似，监测结果显示，气候变暖已经引起全球中高纬度冻土区退化，水、土生境发生变化引起湿地植被类型发生变化，如中国大兴安岭地区出现灌木入侵草本泥炭地的现象。

然而，目前的研究缺乏长期系统监测，同时缺乏对湿地植被动态的机制探究。基于宏观与微观尺度相结合的长期观测数据的积累及基于生态位及物种耐受限制等理论机制的探究，将有利于揭示气候变化引起的全球及区域尺度湿地植被动态变化机理。未来在加强野外长期监测及温室综合模拟和控制实验的同时，应重点开展多途径多气候变化驱动因子协同实验，并充分利用模型开展相关模拟预测。

2. 气候变化与湿地碳循环

全球湿地面积占陆地面积的 5%～8%。5 其中，全球泥炭地仅占陆地面积的 3%，自末次冰期以来，储存了大约 6000 亿吨碳，占全球土壤碳储量的 1/3。泥炭地的单位面积碳储量是森林的 3 倍，在陆地上各类生态系统中单位面积碳储量是最高的。泥炭地的形成主要依赖于稳定的水位，但其碳累积速率主要受温度影响。

当前及未来的气候变化将如何影响泥炭地的形成、扩张或收缩，地表水位下降将如何影响泥炭地的发育及碳平衡仍不确定。目前仍缺乏覆盖全球的泥炭钻孔记录来研究全球范围碳累积历史，难以汇总全球泥炭的数据来理解大尺度碳累积的格局和机制。现有的研究显示气候变暖会促进泥炭地的形成和发育，因此，北极、南极、高山、青藏高原的部分地区可能演变为泥炭形成的前沿亟待深入研究。

人类活动使泥炭沼泽退化加剧，严重威胁其碳库的稳定性。泥炭沼泽碳库的稳定性既是发挥湿地碳中和作用的关键，也是全球变化研究的难点，因此，亟须聚焦土壤碳库演变机制及其对气候变化的影响，运用土壤学、微生物学和生态学等知识，通过包括大尺度样带研究、模型模拟、适量监测、野外土壤剖面模拟增温和室内控制等实验手段，从不同尺度揭示气候变化背景下泥炭沼泽土壤碳库的稳定性及其调控机制，为退化泥炭沼泽恢复和保护提供数据支撑和自然解决方案，丰富泥炭沼泽土壤碳库可持续管理理论。

滨海湿地固存的碳被称为"蓝碳"，碳汇功能强大，是降低大气 CO_2 浓度、减缓全球气候变化的重要途径，其单位面积碳埋藏速率是森林生态系统的几十到上千倍。近年来，滨海湿地固碳能力及其对气候变化和人类活动的响应已逐渐成为研究热点。但是，目前对滨海湿地生态系统的碳储量、速率、过程机制和生态系统服务功能尚缺乏足够的了解。需要结合土地遥感数据和地理信息系统，建立模型预测未来不同气候变化情景下滨海湿地碳库功能及其变化趋势，阐明全球及我国滨海湿地对气候变化和人类活动的响应和适应机制。

2020年，我国政府在第七十五届联合国大会作出"二氧化碳排放力争于2030年前达到峰值，努力争取2060年前实现碳中和"的庄严承诺。2021年，国务院印发了《2030年前碳达峰行动方案》，方案坚持系统理念，推进山水林田湖草沙一体化保护和修复，提高生态系统质量和稳定性，提升生态系统碳汇增量。

为此，加强我国尺度上湿地碳储量及固碳速率的系统估算与预测研究势在必行。首先，应建立湿地生态系统碳汇监测核算体系，开展湿地碳汇本底调查、碳储量评估、潜力分析，实施湿地生态保护修复碳汇成效监测评估；其次，要加强湿地生态系统碳汇基础理论、基础方法、前沿颠覆性技术研究，加强河湖、湿地保护修复，为巩固湿地生态系统固碳作用，提升泥炭地、滨海盐沼、红树林等湿地生态系统固碳能力提供科技支撑。这对履行《巴黎协定》规定的减排增汇目标，实现我国碳中和、碳达峰目标具有重要意义。

3. 海平面上升与滨海湿地动态

海平面上升对全球滨海湿地造成了严重的威胁，因此，滨海湿地应对海平面上升的作用及其脆弱性成为国内外生态学家普遍关注的研究热点。湿地土壤表面高程能否跟上不断上涨的海平面成为滨海湿地成功应对海平面上升的关键。

湿地土壤表面高程变化是地表和地下多种过程在垂直方向综合作用的结果。由于地质作用下的深层沉陷相对一致且影响十分微小，滨海湿地土壤表面高程变化过程主要受到地表过程和浅层地下过程的影响。这些过程可能涉及表层泥沙淤积和侵蚀、浅层沉陷、地下根系生长与分解等物理或生物过程。

近年来，科学家利用新兴的地面高程监测系统——水平标志层技术（SET–MH）等技术手段，结合对滨海湿地土壤物理和生物学过程的研究，同时通过模型模拟，已经初步分析了滨海盐沼和红树林湿地对海平面上升的响应过程，揭示了地理、水文和生物过程对滨海土壤表面高程的影响机制等生态学问题。未来的研究将注重从景观及更大的空间尺度并结合泥沙沉积、潮汐变化、全球及区域气候变化等地理变量来综合预测海平面上升情景下的滨海盐沼和红树林湿地的动态及其脆弱性。

（二）湿地与生物多样性保护

1. 生物多样性与湿地生态系统

多功能性生物多样性是人类生存和发展的重要基础。全球变化和人类活动引起的生物多样性丧失将对湿地生态系统功能产生诸多不利影响，如生产力下降、养分循环失衡、传粉能力下降等。人类社会的幸福感至少部分依赖于湿地等生态系统提供的产品和服务，而这些则直接来自生态系统功能。因此，始于 20 世纪 90 年代的生物多样性与生态系统功能研究已成为湿地生态学界关注的热点。目前多数实验结果认为，植物多样性越高，湿地生态系统稳定性和抗入侵能力等越强。然而，随着研究的深入，人们逐渐认识到湿地生态系统并非仅仅提供单个生态系统功能，而是能同时提供多个功能，即湿地生态系统具有多功能性。于是，诸多问题应运而生，例如，如何量化多样性丧失对湿地生态系统多功能性的影响？生物多样性对多个湿地生态系统功能是否存在响应？这种响应是否与对单个湿地生态系统功能的响应一致？由此，生物多样性与生态系统多功能性的研究受到广泛关注，逐渐成为当前生态学研究的热点。目前，与生物多样性对单个生态系统功能影响的探索相比，对湿地生态系统多功能性研究的数据仍缺乏，一些显著进展主要表现在时空尺度、实验设计、测度多功能性的方法等方面。

目前，相关研究仍存在许多问题，如缺少公认的测定多功能性指数的测度标准、湿地生态系统不同功能之间的权衡制约着多功能性的客观评价、缺少在不同时空尺度上的研究、有关地下生态系统多功能性的研究相对缺乏等。因此，未来将在建立及优化湿地生态系统多功能性综合评价指标的基础上，继续开展全球变化背景下不同时空尺度不同维度的多样性（物种多样性、功能多样性、谱系多样性）与湿地生态系统多功能性的关系及其影响机制的研究，同时关注多样性丧失对湿地生态系统多功能性的影响及不同生态系统功能间的权衡关系。

2. 生物入侵与湿地生物多样性及人类健康

生物入侵是一个影响深远的全球性问题，其对生态系统、环境和社会经济的影响日益明显。生物入侵不仅导致湿地生态系统组成和结构的改变，而且能彻底改变湿地生态系统的基本功能和性质，最终导致本地物种的灭绝、群落多样性降低，并给社会经济造成重大损失。例如，互花米草对我国滨海盐沼的入侵已经使滨海盐沼生态系统结构和过程发生变化，导致滨海盐沼物种丰度与生物多样性减少。

目前，生物入侵与湿地生物多样性保护已成为湿地生态学研究的热点领域。经过近些年的发展，入侵生态学在湿地生态系统生物入侵机理（如遗传学、适应性进化、生理响应、种间互作、群落可侵入性）、入侵后效（如生态系统结构、生物多样性、人类健康）以及入侵物种对环境变化的响应等方面都取得了很大进步。但是，由于影响入侵生物的因素很多，湿地入侵生态学研究仍然面临很多挑战。例如，如何综合多重因素建立针对湿地生态系统的入侵生态学框架，以及如何更加精细地确定影响入侵的因素等。

另外，由于全球变化和人类活动影响的加剧，某些本地物种同样表现出极强的入侵特性。然而，与外来物种入侵相比，由于其具有较强的隐秘性，当地物种的入侵并没有引起足够的认识，而其对湿地生态系统造成的危害更大。如何区别及揭示外来物种—本地物种入侵机理、入侵后效及其防控机制将成为研究的热点。

近年来，生物地理学、遗传学、进化学等学科的发展及技术的进步为湿地入侵生态学研究提供了新的机遇。将这些交叉学科的新理论和新技术有机地融合起来，运用到湿地生态系统生物入侵机理和生态学后效的研究中，将有助于湿地入侵生态学理论的发展。例如，表观遗传学、代谢组学和转录组学的迅猛发展为研究湿地生态系统入侵生物的遗传和进化提供了新技术和新方法；全球变化生物学的发展则从宏观尺度为预测湿地生态系统入侵生物的地理格局变化提供了新视角和新思路。

除了继续探讨入侵机制和生态学后效外，湿地生态系统入侵生物对人类健康的影响将成为今后研究的重点。尽管目前部分研究已揭示了湿地生态系统入侵生物对人类媒介性疾病的影响，但是媒介生物种类繁多，而且入侵物种与媒介生物之间的相互作用过程尚未明晰。未来应该从媒介生物的寄主选择性、入侵生物微环境条件以及二者互作关系等角度更深层次阐明入侵生物与人类健康的关系。此外，其他对人类健康有直接或间接危害的有毒有害动植物将成为今后研究的重点。

（三）湿地退化过程与生态恢复机制

20 世纪 80 年代以来，世界范围内进行了大规模的湿地恢复工作。美国政府于 1988 年提出并实施了"零净损失"的湿地保护政策，对于不可避免的湿地丧失必须通过湿地恢复或重建进行补偿，该政策被加拿大、德国、澳大利亚和英国等地作为湿地保护政策目标。

进入 21 世纪，世界自然保护联盟（International Union for Conservation of Nature，IUCN）提出基于自然的解决方案，并于 2016 年世界保护大会上正式通过了其定义，旨在通过保护、可持续管理和修复自然的或被改变的生态系统的行动，有效地和适应性地应对当今社会面临的挑战，同时提供人类福祉和生物多样性。党的十八大和十九大分别明确提出"实施重大生态修复工程，扩大湿地面积"和"强化湿地保护和恢复"等政策，为湿地恢复研究提出了明确目标与战略需求。国务院 2016 年颁发了《湿地保护修复制度方案》，实施了《全国湿地保护工程实施规划（2016—2020 年）》，2018 年发布了《关于加强滨海湿地保护严格管控围填海的通知》，2020 年出台了《全国重要生态系统保护和修复重大工程规划（2021—2035 年）》，2021 年 10 月 20 日通过了对《中华人民共和国湿地保护法（草案）》的第二次审议，2022 年 6 月 1 日起正式实施。与此同时，"长江大保护""黄河流域高质量发展"上升为我国国家战略，恢复和重建受损的湿地生态系统已经受到国际社会和我国政府广泛关注和高度重视。

世界各国开展了关于沼泽、河流、湖泊以及滨海湿地等各种湿地类型的退化机理研究，其中以美国佛罗里达州大沼泽地、巴西潘塔纳尔沼泽地、欧洲莱茵河流域、北美五大湖、美国墨西哥湾滨海湿地等世界重要湿地分布区为热点区域。目前关于湿地退化机理的探究已深入生态学、水文学、生物学、土壤学以及生物地球化学等各领域，并在遥感技术支持下，注重宏观退化过程与微观退化机理相结合。虽然我国的湿地退化与恢复研究起步较晚，但发展迅速，研究覆盖了东北三江平原沼泽湿地、四川若尔盖高原湿地、青海三江源湿地、黄河三角洲湿地、辽河三角洲湿地、东南沿海滨海红树林湿地以及太湖、洞庭湖、白洋淀等湖泊湿地。然而，退化机理研究大多为宏观、定性的退化过程与机理研究，较少从生理生化过程、生物地球化学过程、土壤生物化学过程等方面开展退化微观过程与机理研究，阻碍了人们对湿地退化机理的深入认识。

当前，国际上湿地恢复机制研究由注重单要素的恢复过程，向微观机理与宏观过程相结合的多目标兼顾的综合恢复机制发展。既注重湿地结构的恢复，又强调湿地功能的提升。以美国大沼泽湿地为例，从20世纪80年代开始进行了一系列恢复与治理研究和示范工程，探明了流域尺度水资源分配不均和来源于农业施肥的磷污染是大沼泽地退化的关键胁迫因子，并利用横跨时空尺度特征的"系统性生态指标"对河湖连通等水利工程和本地物种恢复等生物措施的恢复过程进行动态跟踪监测研究，综合评估洪水控制、水质净化和生物多样性维持等湿地功能的恢复机理与效果。我国目前的研究更多侧重水、土、生物等单要素、单目标的恢复，但近年来逐渐侧重基于多要素的生态系统修复机制及流域尺度功能提升的优化管理研究。例如，中国科学院东北地理与农业生态研究所科研团队对我国东北内陆沼泽湿地的研究发现，气候变化和人类活动导致的水文情势改变与盐分聚集已造成大面积的湿地退化。在多年植被和水文恢复研究的基础上，近年来重点开展了"水文—生物—栖息地"多途径协同恢复机理研究，并逐渐探索以湿地生态系统功能提升为目标的沼泽湿地恢复机制。在我国大江大河湿地水污染修复与水环境治理过程中，我国科学家在单要素、单过程、局部性修复的基础上，正逐步探讨针对复杂流域系统全要素、全过程、全流域的综合修复机制。

我国湿地类型丰富，面积广阔，但同时面临着严峻的湿地退化问题。深入揭示不同湿地类型退化机理与修复机制，既是适应我国湿地生态学这一新兴学科不断发展完善的理论需要，同时也是服务我国"退耕还湿""退田还湖"等重大国家生态战略的实践需求。未来的湿地退化与生态恢复研究，将在结合遥感、生态模型等新技术和新手段的支持下，不断加深针对不同湿地类型的宏观退化过程和微观退化过程与机理及其定量化的研究，在此基础上，注重结构恢复和功能提升的多目标兼顾的流域尺度综合恢复机制，完善湿地生态恢复理论。同时，适应国家生态战略需求，加强大江大河流域湿地生态需求估算和"水文—生态—社会"系统的综合管控研究，开展流域尺度多因子驱动、多目标兼顾的适应性退化湿地生态恢复技术研发与示范，提出制订适宜我国国情的基于自然的湿地生态修复方案，并逐渐建立完善的湿地生态恢复效果评价机制。另外，适时开展湿地生态产业模式研发与市场化、多元化生态补偿机制探索。

第二章 湿地生态资源保护与开发的理论基础

第一节 湿地资源的可持续利用理论

一、可持续发展理论

（一）可持续发展理念的溯源

可持续发展理念的形成经历了一个从警醒到思考再到行动的过程。随着工业化的发展进程不断加快，人们在经受生态环境破坏、城市人口增长、经济增长等所形成的压力之下，对传统增长和发展模式产生了质疑和探讨，并由此逐步形成了可持续发展理念。

1. 国外可持续发展理念的演变

国外可持续发展理念形成历程最早开始于 1962 年，由美国生物学家莱切尔·卡逊（Rachel Carson）所撰写的《寂静的春天》，在西方学术界引起了很大轰动，其敲响了人们对于自然保护的警示之钟，并引发人们对传统行为和观念的反思。文中关于现代环境保护思想的论点具有开创性启示，使得环境问题的地位从边缘问题走向大众关注热点。1972 年，《生态学家》杂志社编写的《生存的蓝图》提出并阐述了"社会经济"可持续概念；1972 年，作为探索保护全球环境战略的首次国际会议，联合国在瑞典举行了人类环境会议，宣布了《人类环境宣言》，引起全球各国政府对环境问题的重视。

随着人口、资源等问题的进一步挑战加剧，系统性的可持续发展思想理论在 20 世纪 80 年代逐步形成，1980 年，联合国环境规划署（United Nations Environment Programme，UNEP）和世界自然保护联盟（IUCN）共同起草了《世界自然区保护战略》，并第一次正式提出"可持续发展"这一概念，生态学家康威（Conway）作为第一位在具体研究中对可持续发展思想进行运用的学者，他将可持续发展理论运用于农业生态技术中，自此，可持续发展的生态学研究迅速发展。1983 年，联合国成立了世界环境与发展委员会，1987 年，该委员会发布了《我们共同的未来》，正式提出可持续发展的概念与模式，推动了各国在人口、经济、环境等方面的广泛合作，可持续发展从生态管理方面逐渐被广泛运用于经济学与社会学范畴。1992 年，巴西里约热内卢召开的联合国环境与发展大会，通过了《里约环境与发展宣言》与《21 世纪议程》两个纲领性文件，以此次大会为里程碑，人类对于环境的可持续发展有了更为深刻的认识。随着时代的发展，"可持续发展"一词又被加入了一些新的内涵，从而成为一个紧密围绕自然环境资源，涉及并融合经济、社会、文化等的综合理念。

2. 国内可持续发展理念的演变

在全球化时代，可持续发展作为国际社会普遍关注的问题，同样是中国所面临的重大课题。可持续发展理论这一系统的理论是由西方学术界提出与构建的，但这一理论本身就同中国这一文明古国五千年发展底蕴相契合。我国关于可持续发展这一思想，可追溯到先秦时期，从先秦时期就已经诞生了诸多关于可持续发展的论点，如吕不韦主持编著的《吕氏春秋》所述："文公以咎犯言告雍季，雍季曰：'竭泽而渔，岂不获得？而明年无鱼。焚薮而田，岂不获得？而明年无兽。诈伪之道，虽今偷可，后将无复，非长术也。'"也就是说，把池里的水抽干去捕捉鱼，怎么会捉不到鱼？只是导致的后果是第二年池塘里再也没有鱼；把沼泽地烧得干干净净再去打猎，怎么会打不到猎物？只是导致的后果是沼泽地里第二年再也没有野兽。这寥寥数句，一方面揭示做事不能只贪图眼前的利益，要把目光放长远；另一方面警示人们要维护资源环境的可持续发展。但在很长一段时间内，我国对于可持续发展这一理念都停留在社会习俗、道德传统等通过实践或经验而养成的社会观念，其正式转变成系统理论要追溯到我国正在致力于现代化建设、寻求新的发展道路的20世纪80年代末，此时，国外学术界关于可持续发展理论的热烈讨论在国内引起了高度关注。1986年，余谋昌先生首先明确提出可持续发展的战略，其后，在1992年联合国大会推出全球《21世纪议程》时，中国率先制定并实施《中国21世纪议程》，同时把实施可持续发展作为国家重大战略，并且经过十余年的研究，在借鉴国外研究思路的同时进行了创新，从经济—社会—自然三维复合系统进行考量，阐述我国走向可持续的具体策略与方向。

（二）可持续发展理念的定义

1987年，世界环境与发展委员会向联合国大会提交研究报告《我们的未来》，报告中将可持续发展定义为"既满足当代人的需求，又不对后代人满足其自身需求的能力构成危害的发展"。

1991年，世界自然保护同盟、联合国环境规划署和世界野生生物基金会在《保护地球——可持续生存战略》一书中将可持续发展解释为："在生存不超维持生态系统承载能力的情况下，改善人类的生活质量。"

1992年，《里约环境与发展宣言》将可持续发展的定义进行了进一步阐述："人类应享有与自然和谐的方式通过健康而富有成果的生活权利，并公平地满足今世后代在发展和环境方面的需求，求取发展的权利必须实现。"

可持续发展的含义在全球达成共识并不容易，1992年发布的《布兰特仑报告》中给出的概念在最概括的意义上得到了广泛的接受和认可，在对《布兰特仑报告》的分析中可以总结出可持续发展的核心思想是：要实现经济社会的健康发展，必须以生态可持续发展为基础，在满足人类多方面需求的同时，保护资源和生态环境，避免对后代人的生存发展构成威胁，强调鼓励合理利用和开发资源，反过来说，应该摒弃这种做法，以生态、社会、经济、文化等多种因素加以考虑，把眼前利益和长远利益、局部利益和整体利益结合起来，推动社会健康发展。

因此，可持续发展理念目前所广泛认同的解释包括五个要求：

①保护与发展相结合。

②满足人类的基本需要。

③达到公平与社会公正。

④社会制度的可持续性与文化上的多样性。

⑤维护生态完整性。

（三）可持续发展的内涵

可持续发展理念以人与自然关系的新认识为基础，表达对自然态度的新超越，从根本上颠覆了人们对人与自然关系的传统认识，因此，在可持续发展理念发展的道路上，生态可持续、经济可持续、社会可持续三者相辅相成，任何一方都无法从其中剥离。可持续发展作为一种新的发展理念与发展战略，在一定区域环境下，可持续发展的长远目标应是确保区域具备可持续发展的能力，保证区域的生态安全和环境稳定，促进区域的社会文化和谐发展，增强区域的经济平衡能力等。

环境的可持续性要求保持稳定的环境资源，避免对环境资源过度开发利用，要求维护自然环境的自我治愈力，保证区域生态系统循环水平维持在一个健康的高度。

经济的可持续发展是指经济的可持续性，也就是经济能够持续地提供产品和劳务，并保持经济内部局部和整体的平衡关系，避免对所在环境造成消极影响。

社会的可持续发展性，即平衡人与自然以及人与人的关系等，人要遵循自然规律，正确认识并合理保护与利用自然资源，在促进本区域可持续发展的同时，不能违背或牺牲其他区域的可持续发展性，在关注生态、经济可持续发展的同时，关注区域场地历史文化内涵的可持续发展。

二、生态恢复理论

（一）基本概述

根据国际生态恢复学会（Society for Ecological Restoration）定义，生态恢复旨在帮助恢复原生生态系统的完整性。生态恢复的目的恢复生态系统的结构与功能，并恢复生物种群、生态环境与景观。当生态系统未超负荷时，生态系统具有自我修复能力；当生态系统超负荷时，只靠自然本身很难修复，需要人为干预才能使之逆转。湿地作为特殊的生态系统，进行生态恢复的侧重点在于水文恢复、生境恢复以及景观再造等。

（二）主要内容

城市湿地公园的生态恢复是全湿地区域范围内的保护与修复，因此需要对于现有湿地生态系统进行保护，通过建立分级管理与外部缓冲区，严格保护未受到干扰的湿地生态区域。对于已经退化的湿地系统，首先明确恢复目标，确定需要恢复的湿地范围，包括湿地生态系统的层次、结构和功能；其次找出导致湿地生态系统退化的原因，并加以控制和减缓湿地退化程度与退化速度。其中，生态恢复具体包括湿地生态完整性、湿地水系修复等。水系是湿地的根本，在生态恢复中，只有把水体污染控制和水体自净相结合，才能恢复湿地生态系统的自我修复能力。同时要恢复生态整体完整性，就必须兼顾对流域生态系统的恢复，重建已退化的生物生态系统的原有结构性功能，从而保证湿地区域生态完整性。

三、生态承载力理论

（一）基本概述

生态承载力与可持续发展之间存在着不可分割的联系，它作为可持续发展的生态基础，一旦超出生态环境承载能力，规划开发就会导致生态环境的破坏和生态系统的退化。生态承载力是生态系统自我维持生态平衡的能力，其涵盖资源承载力、环境承载力以及生态弹性力三个子系统。资源承载力作为基础，为生物发展提供条件，环境承载力作为约束条件，生态弹性力则是生态系统应对各种外界干扰时所具备的自我调节与恢复能力。近些年，随着对湿地资源的利用与需求量的不断上升，很多城市在湿地资源开发利用中造成了湿地生态环境的破坏，从而限制了湿地生态环境与社会经济环境的协同发展，因此在城市湿地公园的可持续发展中必须考虑湿地环境的资源承载力、环境承载力以及生态弹性力。

（二）主要内容

一般情况下，生态承载力所具备的自我调节与恢复能力是相对稳定的，因此湿地生态环境的生态承载力是客观存在的，但在外界影响下，其生态承载力会随着外界干扰影响而变化，包括生态系统稳定性以及生态系统调节能力，但外界干扰并非都是负面影响，对于提高资源承载力与生态弹性力需要人为进行生态恢复，推动可持续发展的目的，在城市湿地公园中除了资源承载力与生态弹性力之外，还需考虑环境承载力，即湿地环境与社会经济活动之间的限制承载关系，包括区域环境容量、游人容量、水体环境容量、大气环境容量、生物环境容量，明确城市湿地公园的环境承载力，一方面为确保城市湿地公园的湿地自然特性与自然演替能力不受破坏；另一方面为湿地公园的交通、服务设施建设提供充足的依据，为游览群体提供舒适、安全的游览环境。

四、游憩规划理论

（一）基本概述

游憩活动作为个人或群体在业余时间内进行的休闲活动之一，包括人们在室内、户外、近距离和远距离进行的不同活动，是所有旨在恢复体力和精力的积极健康的活动。游憩规划的作用对象包括硬环境和软环境。硬环境包括生态环境、景观环境和建筑环境等；

软环境包括政治、经济、社会和历史文化环境等，具体包括六个方面。同时，游憩规划具有多层级结构，从物质到文化再到行为制度，这三个层次相互影响、相互作用。

因此，适宜的游憩规划对于区域环境经济文化可持续发展具有良好的引导作用。城市湿地公园作为自然生态与人工干预相结合的合成系统，同时具有进行游憩活动的功能，因此游憩规划理论作为指导湿地公园游憩活动内容的重要理论思想，合理进行游憩规划能够在发展城市湿地公园休闲游憩产业、满足人们精神文化需求的同时保护湿地生态环境。

（二）应用内容

湿地旅游发展与湿地生态环境保护之间既存在相互促进、和谐发展的关系，又存在发展需求增长对湿地环境带来污染与破坏的情况。游憩规划理论作为一种设计理念和思路以人们的生活需求、行为方式为基础，以保护湿地生态环境为核心，贯穿于城市湿地公园建设中。从游憩规划的层次性出发，根据规划范围及所在地区的不同，不同的城市湿地公园具有不同的规划层次，需要根据具体的城市湿地公园特点进行游憩规划。

由于人们的生活随着经济社会发展不断变化，城市湿地公园游憩规划必须具有动态性，以适应社会发展、人们的需求变化。湿地环境脆弱敏感，容易随着人类活动而发生变化，游憩规划也需符合湿地整体规划，例如，湿地的高敏感性区域不应设置游憩活动，低敏感区域可设置一些湿地体验活动项目与活动空间，从而平衡湿地生态环境需求与人的需求之间的关系。

五、景观生态学理论

（一）理论内容概述及分析

景观生态学作为一门由多学科交叉的新兴学科，它将整个景观视为研究对象，其主体是生态学与地理学。

景观生态学依据景观要素的分类，提炼"斑块""廊道""基质"三个概念，在对城市湿地公园土方水系结构的塑造中，基质、斑块和廊道的概念为其提供／景观生态学角度的研究方法。

1896 年，Forman 和 Godron 两位教授提出"斑块—廊道—基质"模型（见图 2-1），并提出了任何景观都可以归纳为斑块、廊道和基质 3 种基本要素的论点。湿地系统中的陆地部分、道路部分、水体部分与景观生态学中的斑块、廊道、基质——对应（见表 2-1），在对湿地公园的土方与水系的梳理过程中，景观生态学的理论可作为依据，找出对恢复湿地生境最有利的湿地结构。

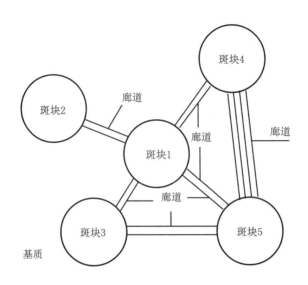

图 2-1　"斑块—廊道—基质"模型

表 2-1　景观生态基本模型对应湿地系统的结构

要素	定义	特征	影响因素	类型
斑块	与周围不同的相对均质的宽阔区域	点状空间	大小、形状、类型、边界特征	湿地系统中比例相对较小的陆地或水体部分
廊道	外观上不同于两侧环境的狭长区域	线状或带状空间	曲度、连通性、间断和节点、宽度、结构	湿地系统中的堤梗,桥梁等连接通道
基质	景观中的背景地域,面积大,连通性好	面状空间	孔隙率、边界形状、连通性、控制程度等业区等	湿地系统中比例相对较大的陆地或水体部分

1. 斑块

斑块是外观上不同于周围环境的非线性地表区域,具有同质性,是构成景观的基本结构和功能单元。景观生态学主要研究的斑块包括生态系统中的动植物群落、农田、草原、湖泊斑块。斑块的大小、形状及格局的不同,影响景观中物质、物种和能量的分布与流动。

斑块大小,即斑块的面积,其决定景观内物种多样性,大斑块相较于小斑块有更高的物种承载量,能够更好地对板块内的物种多样性起到保护作用;而小斑块的边缘比例较高,有利于斑块之间的物质、能量与信息的交流转换,为许多小型物种提供生境,增加景观的连接度,确保景观生态流的循环。相同面积的斑块,圆形与正方形斑块比矩形斑块的内部面积大和边缘少,而相同面积的狭长斑块则有较小的内部面积和较多的边缘。

斑块的形状和发展趋势对穿越其中的生物的扩散和觅食至关重要,一个斑块的理想形状,是由一个核心区和可以充分与外界发生相互作用、有利于物质交换和能量流动的边缘触构成的,这同时为湿地的最佳形状提供了理论与研究依据。

2. 廊道

廊道是指不同于两侧基质的狭长地带，是线性的狭长景观单元。廊道由于其独特的线性结构在城市湿地公园具有双重功能：一方面，廊道作为公园中的各区域的连接方式与划分标志，具体到设计中是园路的规划与设置；另一方面是作为生物栖息的自然场所，如河流、溪流等。廊道按其生态系统类型与结构特点可分为线状廊道与带状廊道，线状廊道如小道、堤梗、排水沟及灌渠等；带状廊道是指具有中心内部环境的较宽条带，如河流廊道，其内部生物群落构成较线状廊道丰富。廊道在生态系统中具有栖息地、通道、过滤、源和汇五大功能，在城市湿地公园的建设中通常以水域通道、堤梗等各湿地的水体单位边界出现，这些廊道在城市湿地公园的湿地生境中承担了水体的过滤、生物的栖息地以及生物通道等功能。

3. 基质

基质是景观中面积最大、连通性最好的景观要素，景观的整体属性很大程度上由基质决定并主导。基质是对景观的动态变化起最大主导和控制作用的景观要素类型。另外，景观要素的划分与观察尺度相关，例如，大尺度上的斑块可能成为小尺度上的基质，或许是较大尺度廊道上的一部分。

（二）城市湿地景观可持续发展理论

城市湿地的发展与生态和人都是息息相关的，一方面要维护好生态环境，另一方面要给城市居民创造良好的湿地景观景致，在很多城市都起到了休闲、娱乐的作用。

湿地对现代城市污染、工业污染起着排污净化的作用，水中有丰富的水类植物，可以将一些有害物质逐渐分解，改善水体质量和环境质量；调节气候，可以对较大范围内的天气起到一些调节作用，减少极端天气下对近岸环境的破坏，在吸收二氧化碳减少温室气体方面有重要作用；生物多样性的重要性已有目共睹，湿地环境可包容下多种动植物物种，对维护生态系统有无可替代的作用。城市湿地景观中水是重要的设计元素，水也是自然界中的典型元素，城市湿地介于城市和自然之间，又具有两者的特质。水的存在会使城市居民自然而然地被吸引，成为亲近自然之地，呼应了现代社会所提倡的绿色生态、可持续发展观等。城市湿地既然是过渡地段，其存在形式也具有多元性，草地、树林、水域、道路、广场等形式造就了湿地景观的多样性，因此，人可在其中游玩、欣赏、垂钓、划船，水生动植物、陆生动植物亦可把它视为栖息地。

20世纪以来，随着全球城市不断扩张，原始的、未被开发过的地方越来越少，生物多样性减少也成了严重的生态问题。城市区域的生物多样性程度远远低于自然生态区域，城市湿地的出现可以看作改善这一情况的方式。曾有调研团队对贵州省六盘水明湖国家湿地公园中生物多样性进行评估，从2012年4月明湖国家公园建成开始，一直到2017年7月调研截止，5年里根据生境多样性和物种多样性标准评估湿地公园内的生物多样性。湿地公园内通过植物群落的设计和营造栖息地，创造出适宜动植物生存的生境区域。5年里，这些植物在公园内生长、竞争，形成了稳定且平衡的复杂植物群落；乔木由原来的15科

22 属 27 种发展到了 34 科 50 属 59 种；草本水生植物从 20 科 34 属 39 种生长到了 39 科 71 属 84 种。动物栖息是以植物群落为前提的，植物的种类增加势必会引起动物种类增多。5 年里，湿地公园内生境多样性和生物多样性有了明显恢复，生态环境得到了整体提升。不论是增加城市自然生态区域，还是生物多样性程度提高，其生态效益是显而易见的，湿地可以调控气候，蓄水储水，一定程度上净化由城市排出的污水，这都是湿地在自然上赋予城市的特殊功能。

对于社会来说，城市要求湿地是规划为城市休闲场所的不二之地，可以满足各个年龄层市民的各种休闲娱乐要求。水可润万物，各种古文明的发源地都是从水、河流开始，就像我国的长江、黄河文明。很多城市依水而建，水也是城市记忆的载体，具有丰富的历史元素和人文情怀，如果将城市湿地中的水合理运用，赋予文化的内涵，更是城市湿地建设的一大亮点。

近年来建设的城市湿地往往带有科学研究的教育功能，湿地独特的自然景观成了教育的课堂，可研究栖息于湿地的众多不同种类的植物和动物，了解自然环境、生态知识、生物知识、科学保护等内容。通过这种教育方式，使更多游览者和参观者体验到生态环境之魅力，更有效，也更直观。

（三）城市湿地景观设计的普遍规律

城市湿地建设是建立在保护的基础上，景观设计也是保护的一种手段。对比一般的城市公园，虽然都有绿色、生态的规划属性，也承担了城市休闲的功能，但由于城市湿地自然风貌的特殊性，城市湿地景观更注重原始生态的呈现，在建设目的、手段和管理上各有区别。

1. 减少人类干预

自然生态退化，从历史角度来说主要是因为人类的干预。大自然又是一个循环往复的生态结构，一方的失调必定影响其他方面，过度放牧造成草原荒漠化；过度砍伐树木或开垦种植地，易造成水土流失；过度捕捞造成水生物失去平衡。这些自然生态的变化直接或间接地对人类经济和生存环境产生负面影响，荒漠化使人类生活环境变得糟糕；水土流失导致土地生产力下降，易水资源变成沙资源；某种鱼类数量骤减，使食物链遭到破坏，从而导致其他水生物种灭绝，对经济效益产生重大影响。

保护城市湿地，除了为动植物提供生存保障、生存辅助设施外，还应减少人类的过多干预，限制人们在城市湿地中的使用范围和行为。比如，禁止游客在城市湿地中干扰动物、植物；避免光污染、声污染进入湿地保护范围等。城市湿地中良好的景观设计就显得尤为重要。

2. 丰富生物多样性

中国在保护野生动物、保护生物多样性上有多部法案规范，目的是保护、拯救濒危野生动物，科学发展和合理利用野生动物资源。

生物多样性是生物及其生活环境形成的生态复合体，以及各种生态过程的综合，在此过程中是环境与动植物之间复杂的关系，保护生物多样性就是保护生物资源。生物多样性为人类的生活生产提供基础原料，例如食物、燃料和加工品的原材料等，物种越丰富，越表明活跃的创造性。任何一种物种消失都会似蝴蝶效应导致其他物种的变化，甚至是灭绝。

在城市湿地中，想要有一块代表生态的自然景观，丰富生物多样性是必不可少的，这有利于湿地生态的内部良性循环。例如，生长在沿海湿地中的乔木和灌木，是海洋与陆地之间的过渡，在我国广东省、广西壮族自治区、福建省、台湾省和海南省都曾有面积可观的红树林。但由于一系列人为破坏，包括围海造地、城市扩张等，40年里红树林面积由4.2万 hm² 减少到 1.46万 hm²。红树林除了自身面积减少外，也使生长于红树林中的贝类、鸟类、鱼类和蛙等生物失去了栖息地。据统计，常见于红树林的鱼类有58科，154种，甲壳动物在30种以上，软体动物上百种，它们有的是红树林中特有的物种，红树林的灭绝必然会导致这些生物走向灭亡。看似只是红树林减少了，但直接或间接地决定很多生物物种，城市湿地中也是如此，所以保护生物多样性至关重要。

3. 结合生态学理论，科学实践

经过多年的发展，生态学理论已经是一门分支繁多的、系统的、科学的学科，从科学的角度模仿自然生态系统的运作方式，创建人工的、以自然能流为主的社会组织，鉴于其发展规律，它势必是符合绿色发展和可持续发展观的，是可在未来发展中促进人与自然的和谐共生、顺应自然的。

生态学中有三大定律：一是，我们的任何行动都不是孤立的，对自然界的任何侵犯都会产生无数效应，其中许多是不可预料的，可称为多效应原理；二是，每一事物无不与其他事物相互联系和相互交融，可称为相互联系原理；三是，我们所产生的任何物质均不应对地球上自然的生物地球化学循环有任何干扰，可称为无干扰原理。

以生态学理论作为建设城市湿地景观设计的理论基础，有助于形成一个健康的生态系统，赋予景观设计在湿地这种特殊地块上的科学意义，对各方面合理的规划和保护方式也是有指导意义的。在景观规划设计中，恰当地选择湿地景观中的设计元素，例如适当配置动植物，了解气候、地理环境、城市生态、水文等因素，建设一个科学发展的湿地景观。

4. 尊重自然和地域文化

湿地景观设计的基础就是要有一个符合自然环境规律的湿地，生态、自然是首要因素，在设计中应该将保护自然和平衡地域文化结合起来，充分挖掘地域文化，了解其文化特征、历史，并在湿地设计中合理运用美学的眼光、景观设计的手法，使湿地景观与地域文化充分磨合，体现地域文化、历史环境、民俗特征等文化元素。

（四）运用方式的探究

随着景观生态学的发展，新的学科生长点不断地形成，主要包括水域景观生态学、景观遗传学、多功能景观研究等，这些新的研究方向与内容为当今城市湿地公园的建设提供了重要的理论支撑。在城市湿地公园生态修复设计中，景观生态学理论主要运用模式如表2-2所示。

表2-2　景观生态学在湿地生态修复设计中的运用角度

分类	具体内容
湿地景观格局分析	在湿地公园生态修复时，首先对湿地公园及其周边的景观进行考察，对其基本情况有充分的了解，在此基础上对景观格局进行分析
景观生态保护	通过利用景观生态学相关技术修复受损的生态环境，巧用自然恢复力加上人工修复的辅助，协调人工与自然的共同作用
水域景观生态的保护	水域景观生态学通过定量描述水域景观中结构与功能之间的关系，其在城市湿地生态修复设计中主要是运用其理论中的水与廊道理论、水体生物多样性保护与水域生态恢复等原理，将湿地水环境的恢复与景观的营造相结合

第二节　湿地资源保护与开发利用"临界"理论

"临界"概念属于物理学的范畴，即一物体因外部条件的累积变化，其物质形态接近或达到发生质变的边缘状态，这种状态称作"临界状态"，使达到"临界状态"的外部条件的集合，称作"临界条件"。

一、"湿地临界"概念的基本含义

当自然变迁或人类生产活动的干预，使得某一湿地生态系统不能维持其正常功能的发挥，如生物多样性保护、高生物量产出、物种遗传、气候调节、蓄洪防涝等功能时，则称该湿地生态系统及其依赖湿地生存的生物物种，面临"临界"状态，即该湿地的保护与开发利用的"临界"点。

从湿地的空间范围讲，能够保证该湿地生态系统正常发挥其各种功能所必须保持的湿地的最小面积，即湿地面积的"临界规模"；从湿地生物种群数量角度讲，能够保证在该环境下生存的各生物物种正常繁衍的最小种群数量，即这些生物物种的"临界规模"。

湿地临界依据在某一开发方式与开发规模下，经济活动的净效益与生态破坏的损失之间的关系，评价湿地保护与开发的尺度。如果净效益低于生态成本，表明湿地开发进一步开发不合适，应有所限制并采取相应的保护措施，实现湿地资源的恢复；如果净效益高于生态成本，可进一步开发湿地，使湿地资源功能和效益得以充分发挥。湿地临界，是在湿地生态系统中，人们依据一定的自然资源经济学、社会学和生态学的标准，通过评价湿地开发所获得的经济净效益与因开发造成的经济损失（生态直接经济损失、间接经济损失，还有湿地恢复、保护以及科学研究费用）的生态成本，并充分考虑某些功能所要求的湿地类型和湿地规模最低限度要求的前提下，比较湿地保护与开发的对立统一的均衡状态，寻求在一定时间内，一定开发方式下，湿地保护与开发的相对稳定的均衡点。

因此，借用"临界"概念，对在湿地开发中所关注的湿地生态效益和经济效益乃至社会效益进行综合考虑，将达到上述三个效益的平衡点或平衡状态视为湿地开发与保护的"临界"。

二、湿地临界判定的探析研究

湿地临界判定问题，在于湿地生态系统因开发利用造成的态势偏离正常轨道或超越临界值的情形，通过湿地资源预警系统反映出来，以此警示人们应该采取具体的保护措施，维护湿地生态系统的稳定。

湿地临界判定原则：一是以人与自然和谐统一为指导，以可持续发展为根本目的；二是要对湿地价值进行判断；三是要综合考虑生态、经济、社会三方面因素；四是要在多种评价要素中抽取影响湿地功能与效益的主要要素。湿地临界的判定依据主要在于生态学、社会学和经济学三个方面：关于湿地生态资源本身特性的生态效应准则；关于需求层次的社会心理准则；关于成本效益核算的经济学准则。

生态学准则，是从自然科学角度判断湿地是否可持续利用的客观标准，湿地临界的生态学准则即生态阈。人们开发利用湿地资源时应选择保持生态可持续性的方式，按照生态生产力再生产的客观要求，保持湿地生态的典型特征，保持生态结构的相对稳定。生物学临界标准的确定比较成熟的方法是逻辑斯蒂曲线。根据对湿地生态效应的测量，可以制定一系列临界标准，如湿地开发面积比例、地表水排放量、地下水抽取强度、污染强度、区域的人口承载量等约束指标。生态学准则的根本要求在于，任何开发利用湿地资源的经济活动，都禁止影响湿地生态系统功能的正常发挥。

社会学准则，任何资源的开发与保护都是为了满足人类自身不同发展阶段的不同层次需求。在贫困阶段，生产力较低，但对物质需求相对较高，对资源环境造成的破坏相对较重，且湿地开发的经济收益可能低于生态成本，但人们缺少足够的经济条件，对湿地资源实施保护。进入小康阶段，生产力水平提高，经济实力增强，人们不仅对生活质量有更高的要求，而且有经济和技术能力，恢复和保护湿地生态系统，使湿地开发效益与生态成本保持平衡，甚至湿地开发效益大于生态成本。在湿地资源开发利用时，从社会学角度考虑资源开发与保护的临界标准。这个临界标准一般设定在资源环境承载能力范围内。

经济学准则，湿地开发与保护的经济学标准依据资源开发（开发方式、开发规模、开发时限等）所形成的经济净效益，主要反映了资源利用强度变化与资源产出供给费用（包括生态损失）变化间的关系，以及利用强度、利用方式的变化等。经济学准则，最重要的是边际净收益应小于生态破坏的边际净损耗。

一般来说，人类活动对自然的影响，正面的促使进化的效应，负面的导致其退化的效应。判断对于人类活动引起的湿地资源变化是否具有合理性，依赖于人类对自身利益的认识提出两项判定原则：一是是否有利于人类的持续发展；二是是否有利于人类所需要的典型湿地资源得以保存和持续演进。

三、湿地资源保护与开发利用"临界"的现实意义

随着人类社会经济活动的开展，人类对湿地资源的干预与破坏越来越严重。对于人类社会而言，发展经济是人类生存与发展的基本条件，湿地资源具有特殊的经济属性，人们

能以较少的投入换取较多的物质产出，导致湿地保护与开发利用之间的矛盾与冲突。有关湿地利用与保护之间的关系处理在学术界和生产管理部门之间存在一定分歧。

我国人口众多、人均资源匮乏，不能像美国等发达国家只保护而不开发。结合中国的国情，如果对湿地垦殖区域完全放弃目前已经存在的各类农业生产方式或土地利用方式而无条件地实施湿地全面恢复战略，面对数以百万或千万的农业人口的就业出路和生活出路，显然此战略目标难以实现，也即在考虑湿地资源保护的同时，必须充分考虑到当地的经济发展问题；然而，如果对生态功能已遭严重破坏的湿地系统不实施保护或恢复战略，对现存湿地资源继续进行无节制的开发，导致湿地资源彻底消亡，各项功能彻底丧失，反而影响人类社会的可持续发展，显然不应是人类社会所追求的目标。依我国基本国情，纯粹的湿地保护是难以实现的，因此，当务之急是进行湿地开发的阈值研究，找出保护与开发之间相互协调的临界点。

如何协调上述矛盾，正是力图通过寻求湿地开发与保护之"临界"来解决的问题，这也是研究湿地"临界"的现实意义。

第三章　湿地生态资源的基本概念

第一节　湿地的定义

一、湿地的形成

从宏观上来说，湿地的形成原因包括由冰河形成、海岸低地泛滥、河流的侵蚀与堆积、河獭与海獭筑坝以及人类活动。其中前三者是自然形成的湿地，冰河形成湿地是由于冰河消退、融化等形成洼地或是冰河阻拦冲刷河湖形成湖体等；而海岸低地泛滥所形成的湿地，本质是海平面上升使得一些内陆土地转变为海岸湿地。后两者所形成的湿地是由于生物活动间接或直接制造的湿地环境，与天然湿地存在诸多特性上的不同。

着眼于具体的湿地形成过程，笔者发现湿地的自然形成与水生演替过程是紧密相关的，在水生演替过程中涉及多个阶段：裸底阶段、沉水植物阶段、浮水植物阶段、挺水植物阶段和沼泽植物阶段，最后是森林群落阶段。实际上，湿地的自然形成同理论推算存在一定差异，这是由于湿地演变过程是缓慢的但又并非一成不变的，并且具有一定方向性与物种取代机制，随着演替的不断推进，湿地生态系统中水体底部不断被有机物与沉积物垫高，微生物种群发生变化，水生植物在选择与适应过程中不断变化，栖息的动物种群也随之变化，随着湖底抬升后逐渐成为沼泽，水量少的部分成为暂时性水塘，逐渐演替到最后即成为林区群落。因此，湿地是一个不断发生变化演替的过程，其水文特征、土壤特征、植被特征由于演替过程的不同而不同，并且具有季节性与年际性变化。

二、湿地的基本概念

湿地就是过湿的土地。不同学者从各自学科角度赋予湿地不同的含义，目前有关湿地的定义约 50 种。

（一）我国历史上对湿地概念的理解

我国历史上，不同时代、地域、类型的湿地名称不尽相同。譬如对常年积水或湖滨和浅湖地带称作"沮泽""泽薮""薮泽"等；地表临时积水或过湿的地带称为"沮洳""卑湿""泽国"；滨海滩涂和沼泽称作"斥泽""斥卤"或"泻卤"；森林或迹地的过湿地带称为"窝稽""沃沮"。

古代一些著名作品中也有关于湿地的论述。《徐霞客游记》中，有"前麓皆水草沮洳";《天下郡国利病全书》中，有"荆州之水其泽薮曰云梦跨江南北八百里";《黑龙江外记》中，有"山中林木翁蔚水泽沮洳之区号窝集";《宋史》写有"濒海斥卤，地形沮洳"，等等。

（二）目前国内外的湿地定义

目前国内外对湿地定义有广义和狭义之分。最具代表性的广义湿地定义是关于作为水禽栖息地的国际重要湿地公约（即 Ramsor 公约，1971），其中指出："湿地系指，不问其为天然或人工、长久或暂时性的沼泽地、湿原、泥炭地或水域地带；水域不论其为静止或流动，淡水或半咸水者，包括低潮时不超过 6m 的浅海区域。"这个定义既包括海岸地带的珊瑚滩和海草床、滩涂、红树林、河口、河流、湖泊、淡水沼泽、盐沼及盐湖，也包括人工湿地水库、池塘、渠道和稻田。

狭义的湿地定义是把湿地视作陆地与水域交错带（或过渡区域）。水域的界定条件是低水位时水深不超过 2m。美国的 W·J.Mitsch 等（1986）认为，湿地可概括如下特征：湿地明显的标志是水的存在；湿地有不同于其他的生态系统的独特土壤；生长着适应多水环境的水生或沼生植物；湿地通常处于陆地与水体边缘区，经常受水体与陆地两种生态系统的影响。

美国鱼类与生物保护协会（1979）指出湿地是陆地和水域的交汇处，水位接近或处于地表，或有浅层积水（水深不超过 2m），至少有一个或几个特征：一是，以水生植物为优势种；二是，主要是水成土壤；三是，每年生长季节被水淹没。

加拿大湿地工作组（1987）提出，湿地是一种土地类型，其主要标志是土壤过湿，地表积水（小于 2m，有时含盐量很高），土壤为泥炭（厚度大于 40cm）或潜育化沼泽土，生长水生植物、湿地植物或植物贫乏。

英国学者一般认为，湿地是受水浸润的地区，具有自由水面，常年积水或季节积水，包括自然湿地和人工湿地。

日本学者通常把湿地称作湿原，他们认为湿地的主要特征是潮湿、地下水位高，土壤经常处于水分过饱状态，从而导致特征植物的生长和发育。

俄罗斯在俄语中没有"湿地"专有名词，近年来，俄罗斯国家湿地组织用组合词"水–沼泽土地"代替"湿地"一词。在俄语中与湿地相关的常见的有沼泽、沼泽化土地、泥炭地。对沼泽的定义有不同的观点：第一种观点是从植物学原则出发，以捷恩德湟夫（Sendtner，1854）为代表，把生长一定沼泽植物的地段都视为沼泽；第二种观点是以地质学为依据，如沃尔尼（Wolley，1897）认为，在水的作用下，把由于部分植物腐烂形成泥炭沉积的地方称为沼泽；第三种观点是从沼泽特征出发界定沼泽定义，如伊万诺夫（1953）认为，沼泽是土壤上层有丰富滞水或弱水流，其上发育有特殊的沼泽植物，植被的优势种适应丰富的水分条件和土壤缺氧环境，并且逐渐形成泥炭积累。

一些学者认为沼泽化土地是沼泽发育的初级阶段；另一些学者认为泥炭地就是泥炭沼泽，其实，泥炭地排水后已失去沼泽的特性，因此两者是有区别的。

根据多年研究，笔者认为，湿地是陆地上常年或季节性积水，或有过湿的土壤，并与其生长、栖息的生物种群构成的独特生态系统。它和森林、草原、荒漠、海洋一样，是地球生态环境的一个重要组成部分。

三、湿地保护立法回眸及特性

（一）经济利益导向型湿地专门立法萌芽阶段

1992年加入《湿地公约》以前，是经济利益导向型的地方专门湿地立法萌芽阶段。从中华人民共和国成立到20世纪70年代，我国湿地资源的生态价值一直未受重视。虽然1979年《中华人民共和国环境保护法（试行）》、1986年《中华人民共和国渔业法》、1988年《中华人民共和国水法》中另行设置了湿地保护条款，但旨在服务于经济建设。

为贯彻国家要求，20世纪70年代至80年代后期的地方性法规及政府规章对湖泊、滩涂、草原等湿地类型进行了明确，总体上呈现出零散化特征。例如，第一部涉及湿地保护内容的地方性法规《青海省野生动物资源管理条例》（1980）及此后颁布的《上海市水产养殖保护暂行规定》（1982）、《北京市实施〈中华人民共和国水污染防治法〉条例》（1985）、《贵州省渔业生产管理条例》（1986）、《江西省实施〈中华人民共和国渔业法〉办法》（1987）等仅在个别条款分别规定了野生动物栖息地、湖泊与滩涂、水库与沟渠、稻田与池塘、渔业水域的利用与保护。80年代中后期，地方大量围湿造田、围湿造城，导致湿地面积不断萎缩，造成水生动植物资源衰退，湿地生态环境恶化。为此，国家与地方层面开始重视湿地的价值，1987年《中国自然保护纲要》首次明确了湿地范围。此后，涉及湿地保护规定的地方立法逐渐增多，湿地保护类型与范围开始拓展，根据《四川省实施〈中华人民共和国渔业法〉办法》（1989）、《海南省环境保护条例》（1990）、《宁夏回族自治区环境保护条例》（1990）、《陕西省水资源管理条例》（1991）等规定，湿地范围不仅囊括河流、湖泊、水库等资源水面，还包括坑塘、滩涂、涝洼地等水面，其目的是水资源的合理利用与渔业资源的保值增值。

该阶段地方立法特点之一在于，湿地专门立法尚未出现，湿地要素附带规定于相关资源类专门地方法中。特点之二在于，基于该时期自然资源管理需服务于社会经济发展的大背景，其体现的湿地立法理念仅在于鼓励可持续地开发利用湿地资源，并未顾及对湿地的生态保护。从词源意义上考察，由于作为湿地资源的河流、湖泊、坑塘、滩涂、涝洼等具体概念早于我国国家及地方文件中"湿地"一词出现，且专门性的湿地保护规定颁布较晚，这使得我国地方湿地立法在发展初期便带有浓厚的分散式立法特点，相应的管理模式很早就具有"要素式"色彩。从这个角度看，分散立法具有不可避免的历史性，也在很大程度上决定了国家与地方层面的湿地立法与体制探索长期难以摆脱早期的湿地立法路径依赖。

（二）兼顾湿地生态价值的专门立法阶段

1992年加入《湿地公约》至2012年党的十八大前是兼顾湿地生态价值的地方专门立

法阶段，该阶段的湿地立法特点可表述为：开始地方湿地立法专门化并兼顾湿地生态价值保护。此间我国湿地保护专门法一直缺位，其中既有湿地保护立法难度大的原因，也与《中华人民共和国环境保护法》（以下简称《环境保护法》）未打开湿地保护立法局面不无关系❶。1992 年，我国正式加入《湿地公约》。为履行义务，我国不仅在《自然保护区条例》（2011）、《中华人民共和国海洋环境保护法》（1999）、《中华人民共和国农业法》（2002）、《中华人民共和国水污染防治法》（2008）、《太湖流域管理条例》（2011）中确定了湿地保护区、海洋湿地保护区、退耕还湿、野生动物栖息地、湿地恢复等规范，还针对湿地名录、行动计划与工程规划、湿地保护管理、湿地公园建设与风险防范颁布了专门的国家文件与标准，初步形成了湿地保护的国家框架。尽管一直存在湿地保护法律数目众多、体系复杂的特点，但这些法律已为湿地保护制度的建立奠定了基础❷。

加入《湿地公约》后，各级地方政府相继制定了湿地保护专门法规。1999 年首部湿地保护地方政府规章《天津古海岸与湿地国家级自然保护区管理办法》开始实施，2003 年我国第一部湿地地方性法规——《黑龙江省湿地保护条例》开始实施。通过北大法宝检索，截至 2012 年年底，我国共有 34 个湿地保护专门地方性法规，9 个湿地保护地方政府规章。不同地区湿地立法在风格上各有侧重点，比如《甘肃省湿地保护条例》侧重于退化湿地的治理，《广东省湿地保护条例》基于生物多样性及地区生态安全来确定重点保护湿地的范围，《辽宁省湿地保护条例》强调保障湿地生态系统的功能价值。湿地地方立法的颁布与实施推动了我国湿地保护迈入法治化轨道。

尽管此阶段地方立法先行，制定了大量的湿地保护专门地方立法，为兼顾湿地生态价值提供了丰富多彩的地方制度基础，但总体而言，该时期的地方湿地立法理念为利用具体湿地资源的同时兼顾湿地要素保护，立法过程中很少考虑湿地系统的整体保护，也就是说，没有依据湿地的整体特征与生态系统规律来设定具体的保护管理制度，尚未认识到湿地系统的功能特性，仅侧重于对湿地各种构成要素的保护、利用与管理❸，未将湿地作为一个整体的生态系统进行保护。❹这种立法现状看似可以对湿地系统中的各要素进行针对性管理，实则是各部门间利益分配与妥协的产物，是忽视湿地生态系统整体性的体现。❺

（三）突出湿地生态价值的立法活跃阶段

党的十八大以来是突出湿地生态价值的地方立法活跃阶段。2013 年原国家林业局颁发了《湿地保护管理规定》（以下简称《规定》）。2014 年《环境保护法》首次将湿地要素纳入"环境"的范畴。2015 年《关于加快推进生态文明建设的意见》、2015 年《生态文明体制改革总体方案》、2016 年《关于健全生态保护补偿机制的意见》、2016 年《野生动物保护法》、2016 年《湿地保护修复制度方案》等从不同方面丰富了湿地保护内容。目前我国

❶ 梅宏.湿地保护诉求中的〈环境保护法〉修订与适用 [J].华东政法大学学报，2014（3）.
❷ 马涛.我国湿地保护立法探讨 [J].湿地科学与管理，2013（9）.
❸ 周训芳.洞庭湖湿地保护地方立法评价与展望 [J].中国地质大学学报（社会科学版），2008（1）.
❹ 郭会玲，许岚.江苏省湿地保护地方立法现状及其完善 [J].林业资源管理，2009（6）.
❺ 范伟，邓寒.我国地方性湿地保护立法的现状反思与完善路径 [J].华北电力大学学报，2017（2）.

已初步形成以《规定》为中心，以地方性法规和规章分区域对湿地保护的管理模式。❶

国家对于湿地保护的日益重视，推动各地掀起了新一轮湿地保护立法高潮。截至2021年1月，我国涉及湿地专门保护的地方性法规共73个，地方政府规章18个。2012年前的地方性法规，绝大多数未能界分立法体例，没有按照总则—分则的模式划分湿地保护各章，而是从第一条连续规定到最末条款。党的十八大之后的湿的地方立法，绝大多数地区采用章的模式。第一章均为总则，对湿地立法目的、适用范围、湿地概念、原则、组织管理等予以明确，最后两章多为法律责任与附则。法律责任偏重于对湿地利用者违法行为的罗列与承接，对于湿地保护管理主体的责任往往缺乏规定。第二章主要规定湿地保护规划，在条款顺序上普遍将保护规划一章置于湿地管理一章之前，凸显了通过制定专项规划限定湿地资源的利用方向、保护湿地生态环境的重要性。❷第三章多规定湿地保护与利用，将"保护"一词置于"利用"之前设定，呈现出保护优先的理念，这是地方立法的重要进步。第四章则主要对湿地保护的监督管理予以规范。

湿地保护的地方政府规章，总体数量不多，原因在于我国地方湿地保护多以地方性法规形式颁布。地方政府规章中，有些没有湿地地方上位法，有些旨在执行湿地地方性法规，还有些属于湿地公园或者自然保护区单独立法。在立法体例与条文内容设置方面，与地方性法规类似。

不难发现，本阶段的地方立法深受国家政策影响，不仅在条文数量、立法体例与制度内容等方面更为合理，而且很多理念已先进于同时期的国家立法，比如对湿地价值保护的理念在地方立法中多表现为生态优先、保护优先、可持续发展等原则。尽管如此，因国家层面湿地保护分散立法的态势所决定，整体保护、生态系统管理的理念依旧难以付诸实践。

综上所述，从宏观层面审视地方湿地立法的沿革，呈现出两种演化路径：一是自上而下的贯彻落实，国家的湿地政策文件为地方湿地立法奠定了基础，自上而下的演化凸显出一种纵向的命令控制色彩；二是自下而上模式的立法完善，丰富多样的地方湿地立法为国家湿地立法提供了经验，自下而上的演化凸显出多元与灵活的互动协调。从微观法律文本的实质内容观察，地方湿地立法内容趋同化与多元化并存：一是地方湿地立法名称、保护方式以及表现形式呈现多元化；二是地方湿地法律概念表达形式多元化，同时定义中有共同的客观地理因素和行政认可因素，体现着趋同性；三是当前地方湿地立法原则呈现一致性。❸

❶　周圣佑，李爱年.我国湿地保护管理立法现状与完善建议[J].湖北警察官学院学报，2018（4）.
❷　刘长兴.论湿地保护立法的目标定位与制度选择[J].环境保护，2013（6）.
❸　贺光银，张林鸿.生态文明视野下我国地方湿地立法规范分析[J].行政与法，2017（3）.

第二节　湿地的类型及特点

中国湿地具有类型多、面积大、分布广、区域差异显著、生物多样性丰富等特点。近年来，随着我国湿地研究的深入，湿地分类思想呈现出多元化趋势，在此仅选取最具代表性的湿地分类方法。

一、湿地分类原则及依据

目前，学术界所提出的湿地分类方法大体可概括为成因分类法、水文动力地貌学特征分类法和综合分类法，实际上，各种方法间均可相互借鉴，相互补充，要使湿地分类系统的分类与聚类相结合，建立完善的湿地分类系统，要遵循以下原则：

①应包括中国湿地的所有类型，适合中国湿地类型的实际情况，基本符合不同湿地主管部门对湿地分类的习惯和俗称。

②结构应是分级式的，分类系统的不同层次可用于不同级别（全国、流域、省级、地区、保护区）的湿地清查和监测工作。任何下一级的类型可在上一级的分类中进行归类和汇总；适合对不同部门、不同层次的湿地调查数据在同一部门进行汇总和管理。

③能与国际湿地局建议的湿地分类系统接轨，符合拉姆萨尔地点信息单和蒙特勒记录及推荐监测程序的要求。

④具有方法上的可操作性，基本分类层次的主要类型可以在湿地资源的宏观调查中通过遥感解译或与 GIS 相结合的方法进行判读。

为了满足以上分类原则的要求，在湿地分类时理应采用成因、特征与用途分类相结合的方法，构建分级分类系统，主要采用依据如下：

1 级，按成因的自然属性进行分类。

2 级，天然湿地按地貌特征进行分类，人工湿地按主要功能用途进行分类。

3 级，天然湿地主要以湿地水文特征进行分类，包括淹没的时间、水分咸淡程度、湿地水源等特征因子，由于采用同一水文特征不可能将所有地貌类型的湿地进行较好的分类，因此，对不同地貌类型的湿地采取了不同的水文特征，如湖泊和河流根据淹没时间分类，内陆沼泽根据咸淡程度分类，滨海湿地根据与海水的水文关系分类。

4 级，主要以淹没时间的长短进行分类，分为永久性和季节性。对一些难以以淹没时间进行分类的类型，采用基质性质、地表植被覆盖类型或其他水文特征因子进行分类。人工湿地按具体用途和外部形态特征进行分类。

5 级，按植被分类（沼泽）或按河网级别分类（河流）。

6 级，按典型植被类型进行分类。

二、中国湿地分类系统

我国地域辽阔，地貌类型复杂多样，地理环境千差万别，气候条件时空差异显著，使我国成为世界上湿地类型最多的国家之一。我国湿地涵盖了《湿地公约》所划分的全部类型。根据我国湿地资源的现状和《湿地公约》对湿地的分类系统以及相关研究成果，将我国湿地分为湖泊湿地、近海与海岸湿地、河流湿地、沼泽湿地、人工湿地 5 大类。它们又可细分为 26 个小类（见图 3-1）。这种分类系统简洁明了，易于理解，实用性强，适合我国国情。

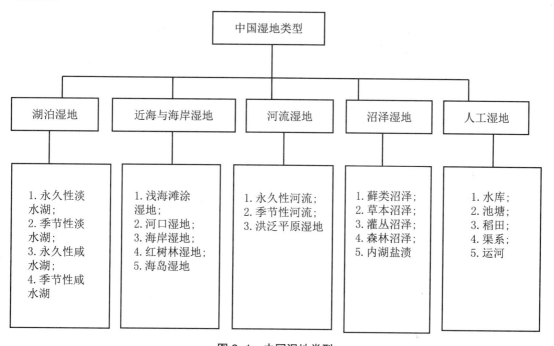

图 3-1　中国湿地类型

（一）湖泊湿地

湖泊湿地并不完全等同于湖泊，湖泊的形成受到地球内部力（例如，地壳运动、火山活动等）和外部力（例如，水流、风等引起的地质作用）的影响，并且湖泊的构成包括湖水、湖盆和湖水中所含物质，湖泊一般水域面积较大，具有中间深、周边浅的特点。湖泊湿地发育在湖泊的边缘，枯水期以浅水为界，面积不少于 $8hm^2$。❶ 对部分淤浅程度较高的浅海湖泊，可以整体划为湖泊湿地。因此，由 2010 年国家林业和草原局提出并由国家标准化管理委员会发布的定义表明，湖泊湿地是指由自然凹陷组成的湿地，地表形状大小不一，充满水体，包括各种自然湖、池塘、淀等。湖泊湿地主要分布于长江及淮河中下游为主的云贵高原湖泊区、东部平原湖泊区、云蒙新高原湖泊区、青藏高原湖泊区、东北平原及山地湖泊区（见图 3-2）。

---

❶ 唐国华.鄱阳湖湿地演变、保护及管理研究 [D].南昌：南昌大学，2017.

图 3-2　湖泊湿地

1. 湖泊湿地的类型

按照不同的分类标准，湖泊湿地又分为不同的类型。按照初级生产者的不同，可分为草型湖泊湿地、藻型湖泊湿地。按照湖盆成因不同，可分为构造湖、冰川湖、火口湖和堰塞湖等。按所处地理位置不同，可分为高山湖、平原湖、沙漠湖。按湖水矿化程度，可分为矿化度小于 1g/L 的淡水湖。矿化度为 1~35g/L 的咸水湖；矿化度大于 35g/L 的盐湖。按湖泊是否与海洋相连，分为外流湖和内陆湖❶。

2. 湖泊湿地的生态系统结构

湖泊是陆地表面具有一定规模的天然洼地蓄水系统，是湖盆、湖水以及水中物质组合而成的自然综合体。它是一交替周期长、流动缓慢的滞流水体，深受其四周陆地生态环境和社会经济条件的制约。湖泊湿地具有碟形盆地圈带状立体景观结构的特征，其特征和位置一般可区分为滨岸带、湖沼带和深水带。

（1）滨岸带

主要包括湖泊湿地滨岸人工湿地和滩涂。人工湿地主要包括水库、坑塘、河流、人工水渠和水浇地等类型，滩涂主要为多年高水位和低水位之间的湖泊边缘地带。滨岸带受人类社会影响巨大，系统复杂易变。

（2）湖沼带

在湖泊边缘，其优势植物多为挺水植物，浅水处有灯芯草和苔草，深处有芦苇、菰和莲等，再向内有浮叶根生植物带，根系不甚发达但有发达的通气组织，主要种属有眼子菜和百合。挺水植物和浮叶根生植物带生活着多种多样的动物，如原生动物、海绵、水螅和软体动物等。各种鱼类也可在这里找到食物和安全的避难所。沿岸带是整个湖泊湿地有机物的主要生产场所。

❶　李文发. 湿地的类型 [J]. 大庆社会科学, 2008（1）: 51-55.

（3）深水带

深水带中的生物不仅取决于在湖沼带的营养物和能量供应，也取决于水温和氧气供应。深水带的生物主要是鱼类、某些浮游生物和生活在湖底的一些枝角类。一般来说，只有在春秋两季的湖水对流期，湖水上层的生物才会进入深水带，生物数量出现大幅度增加。

具有"城市之肺"美称的湖泊湿地，是调节城市区域周边气候的重要因子之一，其以湿地斑块的形式镶嵌于城市基底，一般具有地势起伏小、水面较大、景观异质性较为单一、斑块状及功能特殊性等特点。在结构上，湖泊湿地总体上呈现典型的圈层结构，内部为大面积的水域，湖岸湿地带为过渡带，外围为功能活动带，大部分湖泊湿地与人类活动场所相连，因此环湖地区将成为人与湿地互动的重要场所。湖泊湿地因面积、形态、位置和环境类型等不同，所呈现出的类型也具有多样化，因而发挥的生态效应同样具有多样性，总体来说，具有调蓄和净化水体的功能，维护区域水体与水体质量的相对稳定、良好水平，维护野生植物与野生动物生存空间并增加物种丰富性。因此，湖泊湿地作为城市重要的组成部分，具有生态、经济等多重价值，在改善内部小气候条件的同时还能有效调节区域生态环境。

（二）近海与海岸湿地

近海与海岸湿地是指在滨海区由自然的滨海地貌所形成的浅海、海岸、河口以及海岸性湖泊湿地，包括低潮时水深不超过 6m 的永久性浅海水域❶。海岸带湿地共涵盖 11 个具体的区域环境，包括浅海、礁石海岸、潮下水生层、泥质海滩、沙石海滩、河口水域、红树林、潮间盐水沼泽、海岸性咸水湖、河口三角洲 / 沙洲 / 沙岛以及海岸性淡水湖（见图 3-3）。

图 3-3　近海与海岸湿地

❶ 黄骐 . 福建省湿地现状分析与保护对策 [J]. 林业勘察设计，2008（2）：120-122.

1.定义和分类

海岸湿地处于海陆相交的区域，受到物理、化学和生物等多种因素的强烈影响，是一个生态多样性较高的生态边缘区，它不仅对保护岸线和维持生态功能有积极意义，而且是当地资料开发的基础，本文在海岸湿地组成和成因基础上分潮上带、潮间带和潮下带3类湿地论述，并从沉积学、地貌学和生态学角度考虑，将我国海岸湿地划分为7种类型，即淤泥海岸湿地、帮砾乐海岸湿地、基岩海岸湿地、水下岩坡湿地、潟湖湿地、红树林湿地和珊瑚礁湿地。

2.作用和现状

（1）红树林湿地

红树林素有"海底森林"之称，是珍贵的生态资源。红树林具有防浪护岸功能，对维护海岸生物多样性和资源生产力至关重要，并能减轻污染、净化环境，是重要的生物资源和旅游资源。近10年来，由于围海造田、围海养殖、砍伐等人为因素，不少地区的红树林面积锐减，甚至已经消失。我国红树林面积已由40年前的4.2万 hm^2 公顷减少到1.46万 hm^2。1998年，广东省南澳县和深圳等地海域先后爆发大面积的赤潮，造成直接经济损失近亿元。广东省生态专家一致认为，赤潮泛滥的主要原因之一，就是由于红树林的大面积减少。

我国已建立国家级红树林自然保护区4个、省级6个、县市级8个，保护区的红树林已占全国总面积的一半以上。要真正实现红树林和红树林海岸的有效保护，还有大量工作要做。

（2）珊瑚礁湿地

珊瑚礁具有重要的环境价值、经济价值和科学研究价值，我国珊瑚礁正受到海洋污染和人为的严重破坏与威胁。例如，海南省文昌市清澜港出海口东侧的邦塘湾，邻近海域有500余公顷的珊瑚礁。近年来，由于滥采珊瑚礁，邦塘湾的生态环境遭到严重破坏。据统计，到1990年6月，文昌市境内年珊瑚礁挖采量达6000多吨，近岸珊瑚礁已所剩无几，海岸遭受严重侵蚀，海水冲击村庄，迫使居民举家迁移。同时，由于对珊瑚礁的乱采、滥挖，海洋动植物赖以生存的家园遭到破坏，致使珊瑚礁鱼类、贝类资源锐减。

（三）河流湿地

河流作为江、河、川、溪的总称，是陆地表面宣泄水流的通道。我国地域辽阔，河流众多，流域面积大于 $100km^2$ 的河流有5万多条，主要集中在长江、珠江、黄河、松花江等流域的河流，其中流域面积大于 $1000km^2$ 的河流有1500多条，占流域面积 $1000km^2$ 以上河流总数的57%。河流湿地则是围绕这些自然河流水体形成的河床、河滩、洪泛区以季节性或间歇性河流、冲积而成的三角洲、沙洲等自然体的总称❶。

河流湿地的具体形成、变化过程与以流水作用为主的侵蚀、迁移与沉积过程具有密切的联系。由于在河流系统中作用于河床边界的主要外动力是水沙流，在水沙作用下，河

---

❶ 汪建文.城市河流湿地公园景观生态规划整体性及各要素的研究[J].贵州科学，2013，31（4）：81-84.

床边界形成了形态各异的河床湿地。除地质构造运动外，河流湿地的变化也与边界泥沙冲刷、河床淤积以及人类活动和各类排泄物的排放有关（见图 3-4）。

图 3-4　河流湿地

1. 河流型湿地资源特点

国家林业和草原局于 2000 年颁布了《中国湿地保护行动计划》，其中将湿地分为五种类型。河流型湿地最初位于河流两岸的低坡度泛滥平原上，经过河流洪水侵蚀和堆积，最终在河流邻近地沉积形成了河流湿地。河流型湿地具备以下 5 个特征。

①河流型湿地，尤其是洪泛平原湿地类型与洪水泛滥关系密切，因此河流水位是影响河流型湿地生态修复的重要因素。

②河流型湿地包含水域、陆域、水陆过渡域地带。在自然环境外力作用影响下，其具有更丰富的构成要素和更复杂的生境生态系统。

③河流型湿地自净能力强，在受干扰后恢复较快。

④河流型湿地在空间分布上具有三种结构类型。纵向空间：由于其基底形态和河流流向相一致，呈线性空间结构，河流上下游关系密切。横向空间：空间由河槽向水岸延展，呈河槽—河漫滩—缓冲带的结构。垂直空间：呈深潭、浅滩、河床基质和水流的结构。

⑤线性形态使湿地资源与外界环境边界接触面积大，因此其环境受到外部干扰较大。与此同时，其往往毗邻城市，受人类活动干扰较大，多存在河流驳岸硬质化、河流湿地污染、湿地面积缩小等生态问题，致使河流生态系统受损，无法发挥生态综合服务功能。

2. 河流型湿地资源价值

目前，国内外并未对河流型湿地价值形成统一观点。本文将河流型湿地主要价值总结为四点，包括：水文调控、小气候调节、维护生物多样性、供给生态旅游资源。其中，水文调控功能又包括涵养水源、洪水调控和净化水质。

（1）水文调控功能

首先，河流型湿地基质主要由保水性好的有机质土层构成。因此，湿地可以滞留降水，补充河流水，起到蓄水补水的作用。

其次，河流型湿地作为水陆域交汇区，分布着丰富的植物群落，层次多样的植物是河流湿地驳岸天然的防洪屏障，它不仅可以减弱流水对驳岸的侵蚀，还可以在洪水期降低洪水流速，使洪水向地下水层渗透。

（2）小气候调节功能

河流型湿地能够改变局部地区的小气候，对周边的区域有增湿冷却的功能。

（3）维护生物多样性

湿地自然环境与野生动物的互动对生态系统的良性运转产生重要影响。河流型湿地的位置和形态特征使其成为水陆复合型生态系统，其具备较其他类型更为丰富的生境类型。

（4）供给生态旅游资源功能

河流型湿地往往毗邻城市，不仅与城市生态环境息息相关，亦是供给城市生态旅游资源的重要区域。依托河流型湿地资源营造公园，以生态保护为基础进行景观艺术营造，可以为城市居民科普湿地相关知识，提高自然审美认知，同时提供绿色公共空间以激发城市活力。

3. 影响河流湿地生态系统稳定性的关键因子

河流湿地生态系统是一个复杂的系统，其中每一个生态因素都对河流湿地生态系统或多或少地产生影响，但目前的研究还无法梳理清楚每一个生态因素对河流湿地生态系统的具体影响作用及因子间的相互关系（见图3-5）。

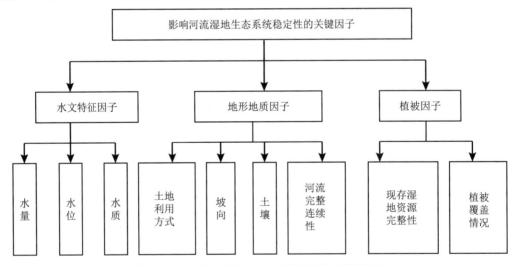

图3-5 影响河流湿地生态系统稳定性的关键因子

湿地水文特征、湿地地形地质、湿地植被被称为"湿地三要素"。其中水文特征要素是多国学者认可的科学定义湿地的首要因素，也是决定湿地生态稳定性的首要因素。而在河流湿地生态系统中，水量、水位、水质是决定水文特征的关键因子。充足的水量是使湿地常年保持湿润的基础。周期变化的水位促进河流湿地物质循环，河流湿地受洪泛影响，水位呈周期性变化，洪水定期淹没湿地把上游有机质带向下游，同时净化湿地的污染物。而洁净的水质是生物生存的源泉，丰富的生物多样性有利于河流湿地健康稳定。

其次，在湿地地形地质方面，土地利用方式、现状湿地分布、坡度、坡向是决定河流湿地稳定性的关键因子。《城市湿地公园规划设计导则》与《国家湿地公园规划导则》都强调了湿地生态系统的连续性、完整性和单元相对独立性。因此在河流湿地中，连续的河流水域是河流湿地存在的前提。

再次，现存的湿地是具有重要生态价值的区域，也是湿地生态演替的潜在发生点。

最后，坡度是决定水土保持稳定的关键，适宜的坡度在有效疏导地表径流的同时不会造成水土流失。坡度这一因子主要反映了地表接受太阳光照的情况，阳光充足的区域植物类型丰富，有利于形成稳定的植物群落层次。而在湿地植被方面，归一化植被指数（NDVI）往往被用来反映区域植被的叶、茎、枝在地面垂直投影面积占统计总面积的百分比，以此来衡量植物群落覆盖地表的状况。

（四）沼泽湿地

沼泽湿地包括沼泽和沼泽化草甸，我国沼泽湿地面积共计 1370.03 万 hm^2，占世界湿地的 10%，位居亚洲第一，世界第四。其中最美六大沼泽湿地独占鳌头，各具特点。

1. 典型沼泽湿地

（1）若尔盖湿地

四川若尔盖湿地地处青藏高原东缘，是青藏高原高寒湿地生态系统的典型代表（见图 3-6）。区内为平坦状高原，最高海拔 3697m，最低海拔 3422m，气候寒冷湿润，泥炭沼泽得以广泛发育，沼泽植被发育良好，生境极其复杂，生态系统结构完整，生物多样性丰富，特有种多，是我国生物多样性关键地区之一，也是世界高山带物种最丰富的地区之一。

图 3-6　若尔盖湿地

（2）巴音布鲁克湿地

巴音布鲁克蒙古语意为"富饶的泉水"。位于天山山脉中部的山间盆地中，四周被雪山环抱，是新疆最重要的畜牧业基地之一（见图3-7）。水源补给以冰雪融水和降雨混合为主，部分地区有地下水补给，形成了大量的沼泽草地和湖泊。数目庞大的天鹅和作为背景的天山雪山是巴音布鲁克湿地独特的魅力。

图 3-7　巴音布鲁克湿地

（3）三江平原湿地

三江平原由松花江、黑龙江、乌苏里江汇流冲积而成，三江湿地属低冲积平原沼泽湿地，依地形的微起伏形式纵横交织，构成丰富多彩的湿地景观，堪称北方沼泽湿地的典型代表，也是全球少见的淡水沼泽湿地之一（见图3-8）。三江平原是中国迄今为止唯一保持原始面貌的淡水湿地。

图 3-8　三江平原湿地

（4）黄河三角洲湿地

黄河三角洲湿地，是世界上暖温带保存最广阔、最完善、最年轻的湿地生态系统，位于山东省东北部的渤海之滨（见图3-9）。这里水源充足，植被丰富，水文条件独特，海淡水交汇，形成了宽阔的湿地，浮游生物繁盛，极适宜鸟类聚集。这里已发现近300种鸟类栖息，被国际湿地组织官员谑称为"鸟类的国际机场"。

图3-9 黄河三角洲湿地

（5）扎龙湿地

扎龙湿地是我国最大的鹤类等水禽为主体的珍稀鸟类和湿地生态类型的自然保护区，位于黑龙江省西部的松嫩平原，乌裕尔河下游（见图3-10）。扎龙湿地中心位置位于齐齐哈尔市东南26km处的扎龙乡。它占地面积21万hm²，是我国北方同纬度地区保留最完善、最原始、最开阔的湿地生态系统。这里完整保留下许多古老物种，是天然的物种库和基因库，是众多鸟类和珍稀水禽理想的栖息繁殖地和许多跨国飞行鸟类的重要"驿站"。

图3-10 扎龙湿地

（6）辽河三角洲湿地

辽河三角洲湿地总面积近60万hm²，地跨辽宁省盘锦市和营口市，已建双台河口自然保护区（见图 3-11）。这里是东亚和澳大利亚鸟类迁徙路线上的重要栖息地和驿站。一望无际的"红地毯"形成天下奇景，大芦苇荡号称世界第二，还有丹顶鹤、黑嘴鸥和斑海豹等众多珍稀动物和鸟类，构成了丰富多彩的湿地生态系统。

图 3-11　辽河三角洲湿地

2. 沼泽湿地的类型

湿地又可分为森林湿地、苔藓湿地、灌丛湿地、内陆盐沼、季节性咸水湿地、沼泽化草甸、地热湿地和淡水水源湿地等。

一般而言，灌丛沼泽、苔藓沼泽、森林沼泽主要分布于森林地带的林间和沟谷；草本沼泽和草本沼泽化草甸，主要分布于河流、湖泊泛滥平原、河漫滩、旧河流以及冲积扇缘等地形地貌区域。嵩草、嵩草—苔草沼泽多分布于我国西部高原地区的河漫滩、宽谷、阶地和各种冰蚀洼地等地形地貌区域。尽管我国各大省市、自治区均分布着沼泽湿地，但更为集中分布在寒温带、温带湿润地区。包括大兴安岭、辽河三角洲、长白山地、三江平原、青藏高原南部和其东部的若尔盖高原、长江与黄河河源区、河湖泛洪区、入海河流三角洲等，这些地域环境内的沼泽湿地发育状态良好。

（五）人工湿地

人工湿地是由人工建造和控制运行的与沼泽地类似的地面，将污水、污泥有控制地投配到经人工建造的湿地上，污水与污泥在沿一定方向流动的过程中，主要利用土壤、人工介质、植物、微生物的物理、化学、生物三重协同作用，对污水、污泥进行处理的一种技术。其作用机理包括吸附、滞留、过滤、氧化还原、沉淀、微生物分解、转化、植物遮蔽、残留物积累、蒸腾水分和养分吸收及各类动物的作用（见图 3-12）。

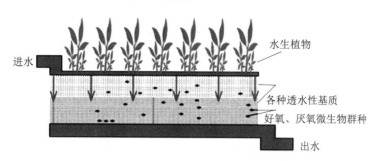

图 3-12　人工湿地构造

1. 人工湿地简介

人工湿地是一个综合性生态系统，它应用生态系统中物种共生、物质循环再生原理，结构与功能协调原则，在促进废水中污染物质良性循环的前提下，充分发挥资源的生产潜力，防止环境的再污染，获得污水处理与资源化的最佳效益。

人工湿地的植物还能为水体输送氧气，增加水体的活性。湿地植物在控制水质污染、降解有害物质上也起到了重要作用。

湿地系统中的微生物是降解水体中污染物的主力军。好氧微生物通过呼吸作用，将废水中的大部分有机物分解成二氧化碳和水，厌氧细菌将有机物质分解成二氧化碳和甲烷，硝化细菌将铵盐硝化，反硝化细菌将硝态氮还原成氮气，等等。通过这一系列的作用，污水中的主要有机污染物都能得到降解同化，成为微生物细胞的一部分，其余的变成对环境无害的无机物质回归自然界。

湿地生态系统中还存在某些原生动物及后生动物，甚至一些湿地昆虫和鸟类也能参与吞食湿地系统中沉积的有机颗粒，然后进行同化作用，将有机颗粒作为营养物质吸收，从而在某种程度上去除污水中的颗粒物。

2. 人工湿地的发展历史

运用人工湿地处理污水可追溯到 1903 年，建在英国约克郡 Earby，被认为是世界上第一个用于处理污水的人工湿地，连续运行直到 1992 年。而人工湿地生态系统在世界各地逐渐受到重视并被运用，还是在 20 世纪 70 年代德国学者 Kichunth 提出根区法（the root-zone-method）理论之后开始的。根区法理论强调高等植物在湿地污水处理系统中的作用，首先，它们能够为其根围的异养微生物供应氧气，从而在还原性基质中创造了一种富氧的微环境，微生物在水生植物的根系上生长，它们就与较高的植物建立了共生合作关系，增加废水中污染物的降解速度，在远离根区的地方为兼氧和厌氧环境，有利于兼氧和厌氧净化作用；其次，水生植物根的生长有利于提高床基质层的水力传导性能。

3. 人工湿地的类型

（1）地表流人工湿地

地表流湿地与地表漫流土地处理系统非常相似，不同的是：

在地表流湿地系统中，四周筑有一定高度的围墙，维持一定的水层厚度（一般为10～30cm）；湿地中种植挺水型植物（如芦苇等）。

向湿地表面布水，水流在湿地表面呈推流式前进，在流动过程中，与土壤、植物及植物根部的生物膜接触，通过物理、化学以及生物反应，污水得到净化，并在终端流出。

（2）潜流式人工合成湿地

人工湿地的核心技术是潜流式湿地。一般由两级湿地串联，处理单元并联组成。湿地中根据处理污染物的不同而填有不同介质，种植不同种类的净化植物。水通过基质、植物和微生物的物理、化学和生物的途径共同完成系统的净化，对 BOD、COD、TSS、TP、TN、藻类、石油类等有显著的去除效率；此外，该工艺独有的流态和结构形成的良好硝化与反硝化功能区对 TN、TP、石油类的去除明显优于其他处理方式。主要包括内部构造系统、活性酶体介质系统、植物的培植与搭配系统、布水与集水系统、防堵塞技术、冬季运行技术。

潜流式人工合成湿地的形式分为垂直流潜流式人工湿地和水平流潜流式人工湿地。利用湿地中不同流态特点净化进水。经过潜流式湿地净化后的河水可达到地表水Ⅲ类标准，再通过排水系统排放。

（3）垂直流潜流式人工湿地

在垂直潜流系统中，污水由表面纵向流至床底，在纵向流动过程中污水依次经过不同的专利介质层，达到净化的目的。垂直流潜流式湿地具有完整的布水系统和集水系统，其优点是占地面积较其他形式湿地小，处理效率高，整个系统可以完全建在地下，地上建成绿地和配合景观规划使用。

（4）水平流潜流式人工湿地

水平流潜流式人工湿地是潜流式湿地的另一种形式，污水在进水口一端沿水平方向流动过程中依次通过砂石、介质、植物根系，流向出水口一端，以达到净化的目的。沟渠型人工湿地。沟渠型湿地床包括植物系统、介质系统、收集系统。主要对雨水等面源污染进行收集处理，通过过滤、吸附、生化达到净化雨水及污水的目的。它是小流域水质治理、保护的有效手段。

4.人工湿地的技术要求

随着环境保护的迅速发展，人们对湿地功能有了广泛的认识。湿地作为"地球之肾"，担负着对地球自然水体的净化和处理功能。由于城市中天然湿地的逐渐减少和消亡，人工湿地以其独到的优越性受到了越来越多的关注和发展。人工湿地系统水质净化技术作为一种新型生态污水净化处理方法，其基本原理是在人工湿地填料上种植特定的湿地植物，从而建立起一个人工湿地生态系统。当污水通过湿地系统时，其中的污染物质和营养物质被系统吸收或分解，从而使水质得到净化。

人工湿地系统水质净化的关键在于工艺的选择和对植物的选择及应用配置。如何选择和搭配适宜的湿地植物，并且将其应用于不同类型的湿地系统中就成了我们在营建人工湿地前必须思考的问题。

植物具有良好的生态适应能力和生态营建功能；管理简单、方便是人工湿地生态污水处理工程的主要特点之一。若能筛选出净化能力强、抗逆性相仿而生长量较小的植物，将在管理上尤其是对植物体后处理上减少许多麻烦。一般应选用当地或本地区天然湿地中存在的植物。

5. 人工湿地的相关植物

（1）漂浮植物

该类植物中常用作人工湿地系统处理的有水葫芦、大藻、水芹菜、李氏禾、浮萍、水蕹菜、豆瓣菜等。

根据对这些植物的植物学特性进行分析，发现它们具有以下几个特点：

①生命力强，对环境适应性好，根系发达。

②生物量大，生长迅速。

③具有季节性休眠现象，如冬季休眠或死亡的水葫芦、大藻、水蕹菜，夏季休眠的水芹菜、豆瓣菜等。生长的旺盛季节主要集中在每年的 3~10 月或 9 月至次年 5 月。

④生育周期短，主要以营养生长为主，对 N 的需求量最高。

由于漂浮植物具有上述植物学特性，我们在进行人工湿地植物配置时必须充分考虑它们各自的优点：

①由于这类植物的环境适应能力强，我们在进行植物配置时应当优先考虑地方优势品种。

②人工湿地系统中，水体中养分的去除主要依靠植物的吸收利用，因此，生物量大、根系发达、年生育周期长和吸收能力好的植物成为我们选择的目标。

③利用植物季节性休眠特性，我们可以给予正确的植物搭配，如冬季低温时配置水芹菜，而夏季高温时则配置水葫芦、大藻等植物，以避免因植物品种选择搭配单一而出现季节性的功能失调现象。

④由于这类植物以营养生长为主，对 N 的吸收利用率高，我们在进行植物配置时应重视其对 N 的吸收利用效果，可作为 N 去除的优势植物而加以利用，从而提高系统对 N 的去除效果。

（2）根茎、球茎及种子植物

该类植物主要包括睡莲、荷花、马蹄莲、慈姑、荸荠、芋、泽泻、菱角、薏米、芡实等。它们或具有发达的地下根茎或块根，或能产生大量的种子果实，多为季节性休眠植物类型，一般是冬季枯萎春季萌发，生长季节主要集中在 4~9 月。

根茎、球茎、种子类植物具有以下特点：

①耐寒能力较好，适宜生长在淤土层深厚肥沃的地方，生长离不开土壤。

②适宜生长环境的水深一般为 40~100cm。

③具有发达的地下块根或块茎，其根茎的形成对 P 元素的需求较多，因此，对 P 的吸

收量较大。

④种子果实类植物，其种子和果实的形成需要大量的 P 和 K 元素。

由于这类植物具有以下特点，我们在进行人工湿地植物应用配置时应予以充分考虑：

①基于这些植物的特性，其应用一般为表面流人工湿地系统和湿地的稳定系统。

②利用这些植物的生长（主要是块根、球茎和果实的生长）需要大量的 P、K 元素的特性，将其作为 P 去除的优势植物应用，以提高系统对 P 的去除效果。

（3）沉水植物类型

沉水植物一般原生于水质清洁的环境，其生长对水质要求比较高，因此，沉水植物只能作为人工湿地系统中最后的强化稳定植物而应用，以提高出水水质。

（4）挺水草本植物类型

该类植物包括芦苇、茭草、香蒲、旱伞竹、皇竹草、薦草、水葱、水莎草、纸莎草等，为人工湿地系统主要的植物选配品种。这些植物有如下共同特性：

①适应能力强，或为本土优势品种。

②根系发达，生长量大，营养生长与生殖生长并存，对 N、P、K 的吸收都比较丰富。

③能于无土环境生长。

根据这类植物的生长特性，它们可以搭配种植于潜流式人工湿地，也可以种植于地表流人工湿地系统中。

根据植物的根系分布深浅及分布范围，该类植物可分为四种生长类型，即深根丛生型、深根散生型、浅根散生型和浅根丛生型。

①深根丛生型植物，其根系的分布深度一般在 30cm 以上，分布较深而分布面积不广。植株的地上部分丛生，如皇竹草、芦竹、旱伞竹、野茭草、薏米、纸莎草等。由于这类植物的根系入土深度较大，根系接触面广，配置栽种于潜流式人工湿地中更能显示出它们的处理净化性能。

②深根散生型植物根系一般分布于 20~30cm，植株分散，这类植物有香蒲、菖蒲、水葱、薦草、水莎草、野山姜等，这类植物的根系入土深度也较深，因此适宜配置栽种于潜流式人工湿地。

③浅根散生型植物如美人蕉、芦苇、荸荠、慈姑、莲藕等，其根系分布一般都在 5~20cm。这类植物根系分布浅，而且一般原生于土壤环境，因此适宜配置于地表流人工湿地中。

④浅根丛生型植物如灯芯草、芋头等丛生型植物，该类植物根系分布浅，且一般原生于土壤环境，因此仅适宜配置于地表流人工湿地系统中。

（5）其他类型的植物

一些水生景观植物，长时间的人工选择使其对污染环境的适应能力比较弱，因此只能作为最后的强化稳定植物或湿地系统的景观植物而应用。

根据植物原生环境分析。根据植物的原生环境分析，原生于实土环境的一些植物如美人蕉、芦苇、灯芯草、旱伞竹、皇竹草、芦竹、薏米等，其根系生长有一定地向土性，配置于地表流湿地系统中，生长更旺盛。但由于它们的根系大都垂直向下生长，净化处理的效果不及应用于潜流式湿地中；对于一些原生于沼泽、腐殖层、草炭湿地、湖泊水面的植物如水葱、野茭、山姜、藨草、香蒲、菖蒲等，由于其生长已经适应了无土环境，更适宜配置于潜流式人工湿地；而对于一些块根块茎类的水生植物如荷花、睡莲、慈姑、芋头等则只能配置于地表流湿地中。

根据植物对养分的需求类型分析。根据植物对养分的需求情况分析，由于潜流式人工湿地系统填料之间的空隙大，植物根系与水体养分接触的面积要较地表流人工湿地广，对于营养生长旺盛、植株生长迅速、植株生物量大、一年有数个萌发高峰的植物如香蒲、水葱、苔草、水莎草等植物适宜栽种于潜流湿地；而对于营养生长与生殖生长并存，生长相对缓慢，一年只有一个萌发高峰期的一些植物如芦苇、茭草、薏米等则配置于地表流湿地系统。

根据植物对污水的适应能力分析。不同植物对污水的适应能力不同。一般高浓度污水主要集中在湿地工艺的前端部分。因此，在人工湿地建设时，前端工艺部分加强氧化塘、潜流湿地等工艺一般选择耐污染能力强的植物品种。末端工艺如稳定塘、景观塘等处理段中，由于污水浓度降低，可以更多地考虑植物的景观效果。

一个人工湿地系统的建立，植物的选择和配置是重要因素。在系统建立和植物栽种配置时要将系统的主要功能与植物的植物学特性结合起来考虑。只有这样，才能充分发挥不同植物各自的优势，达到更好的处理净化效果。

湿地植物的栽种配置要根据具体的应用环境和系统工艺来确定，对于一些应用工艺范围较广的植物类型，要充分考虑其在该工艺中的优势，使其充分发挥自己的长处而居于主导地位。

为达到全面的处理和利用效果，应进行有机的搭配，如深根系植物与浅根系植物搭配，丛生型植物与散生型植物搭配，吸收 N 多的植物与吸收 P 多的植物搭配，以及常绿植物与季节性植物的季相搭配等。在综合处理一些工艺或工艺段中，切忌配置单一品种，以避免出现季节性的功能下降或功能单一。湿地公园规划建设中的人工湿地还要考虑景观搭配。

第三节 湿地的分布

一、湿地分布特点

湿地广泛分布于世界各地，从冻土地带到热带都有湿地，但迄今为止，没有全球湿地资源尚无精确数字。据世界保护监测中心的估测，全球湿地面积约为 570 万 km² （也有人估计为 850 万 km²），占地球陆地面积的 6%，其中湖泊占 2%，藓类沼泽占 30%，草本沼泽占 26%，森林沼泽占 20%，洪泛平原占 15%。世界红树林的面积约为 24 万 km²，珊瑚礁约为 60 万 km²。

（一）世界湿地分布

湿地在全球具有较为广泛的分布，气候条件、水文要素条件等因素影响决定了全球湿地分布的总体格局。在赤道地区，大气能够得到更多的太阳能，空气被加热，因密度降低而上升，但上升过程中温度降低又致使水蒸气凝结成雨降下，故在赤道附近分布众多湿地；其次，来自赤道的气团在南北回归线附近下降形成下沉气流，降雨稀少，因而在南北纬 20°~30° 分布较少湿地。

概括来看，全球湿地分布有如下特征：

①北半球的湿地比南半球多。

②北纬 40°~75° 地区是北半球湿地的集中分布区。

③ 15°S~15°N 是全球另一个湿地分布较为集中的地区。

（二）中国湿地分布

中国湿地面积约 6594 万 hm²（其中不包括江河、池塘等），占世界湿地的 10%，位居亚洲第一，世界第四。其中天然湿地约为 2594 万 hm²，包括沼泽约 1197 万 hm²，天然湖泊约 910 万 hm²，潮间带滩涂约 217 万 hm²，浅海水域 270 万 hm²；人工湿地约 4000 万 hm²，包括水库水面约 200 万 hm²，稻田约 3800 万 hm²。

在中国境内，从寒温带到热带、从沿海到内陆、从平原到高原山区都有湿地分布，而且表现为一个地区内有多种湿地类型和一种湿地类型分布于多个地区的特点，构成了丰富多样的组合类型。

中国东部地区河流湿地多，东北部地区沼泽湿地多，而西部干旱地区湿地明显偏少；长江中下游地区和青藏高原湖泊湿地多，青藏高原和西北部干旱地区又多为咸水湖和盐湖；海南岛到福建北部的沿海地区分布着独特的红树林和亚热带和热带地区人工湿地。青藏高原具有世界海拔最高的大面积高原沼泽和湖群，形成了独特的生态环境。

按照《湿地公约》对湿地类型的划分，31 类天然湿地和 9 类人工湿地在中国均有分布。中国湿地主要包括沼泽湿地、湖泊湿地、河流湿地、河口湿地、海岸滩涂、浅海水域、水库、池塘、稻田等自然湿地和人工湿地。

我国湿地主要分为 8 个区域，即东北湿地，长江中下游湿地，杭州湾北岸滨海湿地，杭州湾以南沿海湿地，云贵高原湿地，蒙新干旱、半干旱湿地和青藏高原高寒湿地。据最新统计显示，中国湿地自然保护区的数量已经增加到 260 处，总面积达 1600 多万公顷。目前，青海湖的鸟岛、湖南省洞庭湖和香港米浦等 7 处湿地已被列入"国际重要湿地名录"。

1. 东北湿地

该湿地位于黑龙江、吉林、辽宁省及内蒙古东北部。以淡水沼泽和湖泊为主，同时包括河流和人工湿地，总面积约 750 万 hm²。东北湿地作为水禽尤其是雁鸭类和鹤类的繁殖地，生态极为重要。

2. 黄河中下游湿地

该湿地包括黄河中下游地区及海河流域，涉及北京、天津、河北、河南、山西、陕西、山东7省（市），该区天然湿地以河流为主，伴随分布着许多沼泽、洼淀、古河道、河间带、河口三角洲等湿地，黄河是本区沼泽地形成的主要水源。

3. 长江中下游湿地

该湿地包括长江中下游地区及淮河流域，涉及湖北、湖南、江西、江苏、安徽、上海、浙江7省（市）。长江及其众多支流泛滥而成的河湖湿地区，是我国淡水湖泊分布最集中和最具代表性地区。本区是人工湿地中稻田面积最集中的地区，为我国重要的粮、棉、油和水产基地，是一个巨大的自然—人工复合湿地生态系统。

4. 滨海湿地

该湿地涉及我国滨海地区的11个省（区、市）。其中，杭州湾以北的滨海湿地由环渤海滨海和江苏滨海湿地组成。杭州湾以南的滨海湿地以岩石性海滩为主。

5. 东南华南湿地

该湿地包括珠江流域绝大部分、东南及台湾诸河流域、两广诸河流域的内陆湿地。行政范围涉及福建、广东、广西、海南、台湾、香港和澳门7省（区），主要为河流、水库等。

6. 云贵高原湿地

该湿地包括云南、贵州以及川西高山区，主要分布在云南、贵州、四川省的高山与高原冰（雪）蚀湖盆、高原断陷湖盆、河谷盆地及山麓缓坡等地区。另有金沙江、南盘江、元江、澜沧江、怒江和伊洛瓦底江6大水系，构成云贵高原湿地的基础。

7. 西北干旱湿地

该湿地可分为两个分区：一是新疆高原干旱湿地区，主要分布在天山、阿尔泰山等北疆海拔1000m以上的山间盆地和谷地及山麓平原—冲积扇缘潜水溢出地带；二是内蒙古中西部、甘肃、宁夏的干旱湿地区，主要以黄河上游及沿岸湿地为主。

8. 青藏高寒湿地区

该湿地地分布于青海省、西藏自治区和四川省西部等，高原散布着无数湖泊、沼泽，大部分分布在海拔3500~5500m。我国几条著名的江河发源于本区，长江、黄河、怒江和雅鲁藏布江等河源区都是湿地集中分布区。其中，长江、黄河河源区，湿地面积分别为800万hm^2和320万hm^2。该湿地保护尤其是江河源区湿地保护涉及长江、黄河和澜沧江中下游地区甚至全国的生态安全。

二、我国湿地分布特点及成因

我国湿地总面积3848.55万hm^2，约占世界湿地面积的10%，位居亚洲第一，世界第四。其中，沼泽湿地、湖泊湿地、河流湿地、滨海湿地和人工湿地分别为1370.03万

hm²、835.15 万 hm²、820.7 万 hm²、594.17 万 hm² 和 228.5 万 hm²，分别占我国湿地总面积的 35.10%、21.70%、21.32%、15.44% 和 5.94%。沼泽湿地、湖泊湿地、河流湿地、滨海湿地统称天然湿地，面积为 3620.05 万 hm²，占我国湿地总面积的 94.06%，占国土面积的 3.77%。我国从北部的寒温带到南部的热带，从东部沿海到西部内陆，从平原丘陵到高原山区都有湿地分布，而且表现为一个地区内有多种湿地类型和一种湿地类型分布于多个地区的特点。

（一）湿地分布概述

1. 沼泽湿地

沼泽湿地主要分布于东北的三江平原、大小兴安岭、长白山，四川若尔盖和青藏高原，各地海滨、湖滨、河漫滩地带也有沼泽发育，山区以森林沼泽居多，平原则多为草本沼泽。位于黑龙江省东北部的三江平原，是我国面积最大的淡水沼泽分布区，沼泽普遍有明显的草根层；大小兴安岭沼泽分布广而集中，以森林沼泽化、草甸沼泽化为主；四川若尔盖高原位于青藏高原东北边缘，是我国面积最大、分布集中的泥炭沼泽区；海滨、湖滨、河漫滩地带主要分布芦苇沼泽。该类湿地中被列为国际重要湿地的有黑龙江洪河国家级自然保护区、黑龙江三江国家级自然保护区。

2. 湖泊湿地

我国的湖泊具有多种多样的类型并显示出不同的区域特点。全国有面积大于 1km² 的天然湖泊 2711 个。我国的湖泊湿地主要分布于以下 5 大区域。

①长江及淮河中下游，黄河及海河下游和大运河沿岸的东部平原地区湖泊：面积大于 1km² 的湖泊有 696 个，面积约占全国湖泊总面积的 23.3%。著名的 5 大淡水湖——鄱阳湖、洞庭湖、太湖、洪泽湖和巢湖即位于本区。

②蒙新高原地区湖泊：面积大于 1km² 的湖泊有 724 个，面积约占全国湖泊总面积的 21.5%。本区湖泊多为咸水湖和盐湖。

③云贵高原地区湖泊：面积大于 1km² 的湖泊有 60 个，面积约占全国湖泊总面积的 1.3%，均是淡水湖。本区湖泊换水周期长，生态系统较为脆弱。

④青藏高原地区湖泊：面积大于 1km² 的湖泊有 1091 个，面积占全国湖泊总面积的 49.5%。本区为黄河、长江水系和雅鲁藏布江的河源区，湖泊补水以冰雪融水为主，湖水入不敷出，干化现象显著，近期多处于萎缩状态，以咸水湖和盐湖为主。

⑤东北平原地区与山区湖泊：面积大于 1km² 的湖泊有 140 个，面积约占全国湖泊总面积的 4.4%。本区入湖水量汛期（6~9 月）为全年水量的 70% ~ 80%，水位高涨；冬季水位低枯，封冻期长。湖泊湿地中被列为国际重要湿地的有：黑龙江扎龙国家级自然保护区，吉林向海国家级自然保护区，青海鸟岛国家级自然保护区，江西鄱阳湖国家级自然保护区，湖南东洞庭湖国家级自然保护区，黑龙江兴凯湖自然保护区，内蒙古达赉湖国家级自然保护区，内蒙古鄂尔多斯遗鸥国家级自然保护区，湖南汉寿西洞庭湖省级自然保护区，湖南洞庭湖省级自然保护区。

3. 河流湿地

我国流域面积大于 100km² 的河流有 5 万多条，流域面积大于 1000km² 的河流约 1500 条。因受地形、气候影响，河流在地域上的分布很不均匀，绝大多数河流分布在东部气候湿润多雨的季风区，西北内陆气候干旱少雨，河流较少，并有大面积的无流区。我国的河流分外流河与内陆河两大类。在外流河中，松花江、辽河、海河、黄河、淮河、长江、珠江 7 大江河均自西向东流入太平洋，西南部的雅鲁藏布江向南流入印度洋，新疆西北部的额尔齐斯河流入北冰洋。内陆河大都分布于西北地区。

4. 滨海湿地

中国近海与海岸湿地主要分布于沿海的 14 个省（自治区、直辖市）。海域沿岸约有 1500 条大中河流入海，形成了浅海滩涂、珊瑚礁、河口水域、三角洲、红树林等湿地生态系统。近海与海岸湿地以杭州湾为界，分为杭州湾以北和杭州湾以南两部分。

杭州湾以北的近海与海岸湿地除山东半岛、辽东半岛部分地区为岩石性海滩外，多为沙质和淤泥质海滩，由环渤海滨海和江苏滨海湿地组成。这里植物生长茂盛，潮间带无脊椎动物特别丰富，浅水区域鱼类较多，为鸟类提供了丰富的食物来源和良好的栖息场所。因此，中国杭州湾以北海岸许多部分成为大量珍禽的栖息过境或繁殖地，如辽河三角洲、黄河三角洲、江苏盐城沿海等。黄河三角洲和辽河三角洲是环渤海的重要滨海湿地，其中辽河三角洲有集中分布的世界第二大苇田——盘锦苇田，面积为 6.6 万 hm²。环渤海近海与海岸湿地尚有莱州湾湿地、马棚口湿地、北大港湿地和北塘湿地。江苏滨海湿地主要由长江三角洲和黄河三角洲的一部分构成，仅海滩面积就达 55 万 hm²。

杭州湾以南的近海与海岸湿地以岩石性海滩为主。其主要河口及海湾有钱塘江—杭州湾、晋江口—泉州湾、珠江口河口湾和北部湾等。在海湾、河口的淤泥质海滩上分布有红树林，在海南至福建北部沿海滩涂及台湾西海岸都有天然红树林分布区。热带珊瑚礁主要分布在西沙和南沙群岛及中国台湾、海南沿海，其北缘可达北回归线附近。对浅海滩涂湿地开发采用的主要方式有：滩涂湿地围垦、海水养殖、盐业生产和油气资源开发等。

5. 人工湿地

我国人工湿地资源比较丰富，稻田广布亚热带与热带地区，淮河以南广大地区的稻田约占全国稻田总面积的 90%。近年来，北方稻田面积有所扩大。全国现有大型水库和池塘面积 228.5 万 hm²，其中大中型水库 2903 座，蓄水总量 1805 亿 m³。

（二）松嫩平原内陆盐碱湿地类型及分布规律

松嫩平原是我国内陆盐碱湿地集中分布的地区，平原西部盐碱湿地面积约 57.8 万 hm²，并且以每年 1%～3% 的惊人速度增加。特别是近年来，由于气候不断变暖和人类活动加剧，盲目开垦、过度放牧和修建人工库塘等工程所带来的负面效应使湿地盐碱化加重，平原 2/3 以上的沼泽湿地发生次生盐碱化，严重威胁松嫩平原的生态系统安全和农牧业经济的发展。开展内陆盐碱湿地的类型、特征及分布规律的研究，对揭示内陆盐碱湿地的特性，保护、恢复和重建湿地生态系统，促进松嫩平原社会、经济和环境的可持续发展具有重要意义。

有学者对松嫩平原内陆盐碱湿地的分类及成因提出了观点，并将内陆盐碱湿地划分为2个湿地类，6个湿地型，13个湿地亚类（见表3-1），并就各种类型的形成原因进行了深入分析。

表3-1　松嫩平原内陆盐碱湿地分类系统

类别	类型		亚型
依据	成因	生境景观	植被/盐分/水文/功能
类型名称	天然内陆盐碱湿地	内陆盐碱沼泽湿地	羊草—芦苇型沼泽、羊草—星星草型沼泽、芦苇—香蒲型沼泽、碱蓬沼泽、碱茅沼泽
		内陆盐碱湖泊湿地	微咸水湖（永久、半永久、季节性、时令性）
		内陆盐碱河流湿地	咸水湖（永久、半永久、季节性、时令性）、季节性盐碱河流
	人工内陆盐碱湿地	人工内陆盐碱沼泽湿地	盐碱水稻田、盐碱苇田
		人工内陆湖泊沼泽湿地	盐碱人工水库、盐碱坑塘（鱼塘）
		人工内陆盐碱河流湿地	盐碱水渠

1. 内陆盐碱湿地的类型特征

（1）内陆盐碱沼泽湿地

该类沼泽土壤多为盐化草甸沼泽土、盐化沼泽土和盐化土，植物群落以羊草—芦苇群落（*Leymus chinensis—Phragmites australis*）、羊草—星星草群落（*Leymus chinensis—Pccinellia tenuiflora*）、芦苇—香蒲群落（*Phragmites australis—Typha latifolia*）、碱蓬群落（*Suaedetum* spp.）、碱茅群落（*Puccinellia* spp.）为优势。由于盐碱化的环境，盐碱沼泽湿地的土壤动物相对来说，种类比较单一，数量也较少。一般来说，pH值越大，土壤动物的种类和数量越少。但生态幅宽的种类，尤其是喜湿类群，例如线虫（*Nematodee*），在各类型沼泽湿地均有分布。

（2）内陆盐碱湖泊湿地

受干旱区和半干旱区的径流补给和降雨模式的影响，湖泊的水文类型多样，包括永久、半永久、季节性和时令性的盐碱湖泊，其分布呈两种规律：一是与河流平行或沿古河道呈带状分布，其形成主要受河流作用或地质构造运动的影响；二是与沙垄平行呈沙垄间或沱间分布，其形成受风成作用影响。

（3）内陆盐碱河流湿地

根据水文周期特点，本区目前只有季节性盐碱河流一个亚型。该类型湿地以霍林河中下游发育为典型。霍林河中下游地区处于地势低洼的闭流区，下游河道变迁，水流漫散成无尾河；地表水与地下径流联系密切，水质较差，矿化度高；其上游向海水库修建后，河水间歇性断流严重，雨季河床有流水，干季断流干涸。原河床及滩地上分布有大面积的芦苇沼泽，盐碱化后湿地景观逐步退化为芦苇—香蒲沼泽和碱蓬沼泽。

（4）人工内陆盐碱沼泽湿地

主要亚型为盐碱水稻田和盐碱苇田。盐碱水稻田包括次生盐碱化的水稻田和在盐碱地上开发的水稻田。次生盐碱化的水田主要发生在小片开发、分布零散的水田开发区，由于缺少系统配套的排水工程，而产生次生盐碱化。松嫩平原约有 1/3 以上的水田发生次生盐碱化，仅吉林省就达 14 万 hm^2，在大安、前郭等地比较集中。盐碱地上开发的水稻田主要分布在洮儿河和霍林河下游地区。盐碱苇田主要分布在灌区内，利用稻田尾水人工培育芦苇。

（5）人工内陆盐碱湖泊湿地

主要是一些与河流水力联系较差的人工水库、坑塘和低洼泡沼上开发的鱼塘，由于缺乏科学的排灌系统及受周围岗坡地盐碱化的影响而导致次生盐碱化。

（6）人工内陆盐碱河流湿地

主要指松嫩平原内一些水体盐分含量较高的人工引、排水明渠。这些水渠有的用于盐碱地上开发的水稻田、苇田、鱼塘及人工草场输送含盐弃水或用于低洼盐碱地排涝；还有一些由于水稻灌区排灌管机制不完善，渠道设计不合理，长期引水引起灌区地下水位上升，导致土壤和水体发生盐渍化后形成盐碱水渠。

2. 松嫩平原盐碱湿地分布规律

松嫩平原盐碱湿地的形成是平原地质地貌、成土母质、气候、水文、生物与土壤等自然要素，以及人为要素间相互作用、相互叠加的结果。在自然要素中，平原半干旱的气候条件和低洼地貌形态是盐碱湿地形成的主要因子。而在现代积盐过程中，由于人类活动而使植被遭到破坏，以及道路、堤防、水库等工程建设所导致的人为内流化机制对盐碱湿地产生的影响更大。因而，本区盐碱湿地的分布，在宏观上与区域的气候带和内流区的分布密切相关，具有分布广泛的特征。从行政区域上看，松嫩平原的盐碱湿地分布北起小兴安岭山前台地前缘，向南沿平原中西部半干旱的内流区域，延伸至松辽分水岭。南部的大安、通榆、镇赉、前郭尔罗斯、乾安、长岭地区以及北部的安达、大庆、杜尔伯特、肇源等主要盐碱化地区内不仅分布着原生的盐碱湿地，而且绝大部分淡水湿地已退化为盐碱湿地，淡水湿地目前主要分布在嫩江、松花江沿岸，还有一些是通过人工引水来维持淡化的。

内陆盐碱湿地在松嫩平原的分布表现为下述规律：

①集中分布于平原沉降中心。松嫩平原是一个中新生代大面积持续沉降带，新构造运动仍以大面积沉降和局部隆升为主，而松嫩交汇区是平原的第四纪沉降中心，因此，在嫩江中下游和第二松花江下游的左岸形成大面积盐碱湿地。

②沿无尾河分布。松嫩平原的霍林河、乌裕尔河及若干源于大兴安岭东坡的溪流具有无尾河性质，发育了典型的盐碱湿地，其中又以霍林河中下游最为突出。

③松嫩水系具有不均衡性，形成了多个内流区，也是盐碱湿地集中分布的地带。

④古河道区盐碱湿地分布广泛。松嫩平原发育着大量的古河道，它们是线（带）状

无河洼地，地下水位接近地表，又有大量盐碱湖泊，也成为本区内陆盐碱湿地的集中分布区。

三、青海省湿地分布特征分析

（一）概述

1.湿地概况

根据《青海省第二次湿地资源调查实施细则》，经本次现地调查统计，青海省面积在 8hm²（含 8hm²）以上的湖泊湿地、沼泽湿地、人工湿地以及宽度 10m 以上，长度 5km 以上的河流湿地，全省湿地总面积 814.36 万 hm²（包括唐古拉山以北地区 62.87 万 hm²），占全省总面积的 11.35%。分为 4 个湿地类，17 个湿地型，其中，天然湿地面积 800.10 万 hm²，占湿地总面积的 98.25%，人工湿地湿地面积 14.26 万 hm²，占湿地总面积的 1.75%。

另据本次调查数据统计，该省还有表层无植被的盐壳地 59.65 万 hm²，随着《柴达木循环经济试验区主导产业体系规划》的实施和盐化工业开发利用，盐壳地逐步变为人工盐田湿地（本次调查湿地面积中未作统计）。

2.各湿地类面积

青海省湿地类型多样，有河流湿地、湖泊湿地、沼泽湿地和人工湿地 4 类 17 型。天然湿地包括河流湿地、湖泊湿地、沼泽湿地 3 类 13 型；人工湿地包括库塘、输水河、水产养殖场、盐田 4 型。

全省有河流湿地面积 88.53 万 hm²，占湿地总面积的 10.87%；湖泊湿地面积 147.03 万 hm²，占湿地总面积的 18.05%；沼泽湿地面积 564.54 万 hm²，占湿地总面积的 69.32%；人工湿地面积 14.26 万 hm²，占湿地总面积的 2%（见图 3-13）。

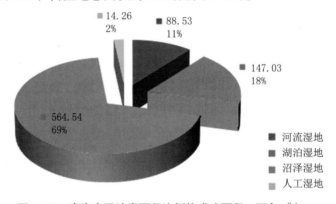

图 3-13 青海省湿地类面积比例构成（面积：万 hm²）

河流湿地中，永久性河流湿地面积为 62.97 万 hm²，季节性河流湿地面积为 8.54 万 hm²，洪泛平原湿地面积为 16.70 万 hm²。

湖泊湿地中，永久性淡水湖湿地面积为 33.36 万 hm²，永久性咸水湖湿地面积为 111.89 万 hm²，季节性淡水湖湿地面积 0.14 万 hm²，季节性咸水湖湿地面积为 1.64 万 hm²。

沼泽湿地中，草本沼泽湿地面积为 27.19 万 hm²，灌丛沼泽湿地面积为 633.51hm²，内陆盐沼湿地面积为 224.54 万 hm²，沼泽化草甸湿地面积为 312.74 万 hm²，地热湿地面积为 8.33hm²，淡水泉、绿洲湿地面积为 48.77hm²。

人工湿地中，库塘湿地面积为 5.58 万 hm²，输水河湿地面积为 377.77hm²，水产养殖场湿地面积为 12.23hm²，人工盐田湿地面积为 8.64 万 hm²。

（二）沼泽湿地

1. 沼泽各湿地型及面积

青海省沼泽湿地总面积 564.54 万 hm²，占全省湿地总面积的 69.32%，包括草本沼泽、灌丛沼泽、内陆沼泽、沼泽化草甸、地热湿地、淡水泉绿洲湿地 6 种类型。其中草本沼泽湿地面积为 27.19 万 hm²，占沼泽湿地总面积的 4.82%；灌丛沼泽湿地面积为 633.51hm²，占沼泽湿地总面积的 0.01%；内陆盐沼湿地面积为 224.54 万 hm²（植被盖度 ≥ 30% 的盐沼面积 222.04 万 hm²，小于 30% 的盐沼 2.50 万 hm²），占沼泽湿地总面积的 39.77%；沼泽化草甸湿地面积为 312.74 万 hm²，占沼泽湿地总面积的 55.40%；地热湿地面积为 8.33hm²，占沼泽湿地总面积的 0.0001%；淡水泉、绿洲湿地面积为 48.77hm²，占沼泽湿地总面积的 0.0009%（见图 3-14）。

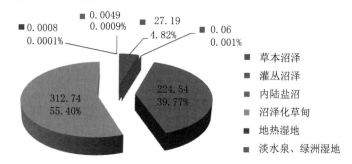

图 3-14　青海省沼泽湿地各湿地型及面积结构（面积：万 hm²）

2. 各湿地区的湿地型及面积

全省 24 个湿地区中，沼泽湿地面积排在前三位的是柴达木盆地单独湿地区、长江上游单独湿地区和黄河上游单独湿地区，其中面积最大的是柴达木盆地单独湿地区，沼泽湿地面积 264.14 万 hm²，占沼泽湿地总面积的 46.79%；其次是长江上游单独湿地区，沼泽湿地面积 145.68 万 hm²，占沼泽湿地总面积的 25.81%；黄河上游单独湿地区，沼泽湿地面积 86.49 万 hm²，占沼泽湿地总面积的 15.32%。

（三）湿地特点及分布规律

青海地处青藏高原东北部，国土面积居全国第四位，是我国长江、黄河和澜沧江的发源地，有"江河源"之称。其整体地势呈南北高中间低、西高东低的特点。区域主要由柴达木盆地、祁连山地和青南高原三大部分所组成。属高原大陆性气候，具有寒冷、干旱、多风等特征，年平均气温为 -4~8℃。年降水量由东南向西北逐渐递减，并具有明显的区域差异。青南高原地势高亢，高山与宽谷相间，地形相对平缓，地表切割较弱，源头水系发达，为江河源区湖泊和沼泽湿地的发育奠定了重要基础。祁连山地的河流源头区以及湖盆周围，亦是沼泽湿地集中分布的重要区域。柴达木盆地是一个封闭型内陆盆地，低洼地带为河水汇集及湖泊的集中分布区；江河源区寒冷的冰缘气候条件是湿地广泛发育的重要因素之一。江河源区地处高寒地带，多年冻土广泛发育，大量的冰川雨雪积水在低洼地区滞水产生高寒地区独特的高寒湿地景观类型，形成冻胀草丘和热融湖塘洼地。

特殊的地理位置决定了青海高原湿地类型多样，有高原湖泊湿地、沼泽及沼泽化草甸湿地和河流湿地，广布于青藏高原面上，是我国和世界上影响力最大的生态调节区，也是我国湿地海拔最高、分布最集中的地区。湿地资源丰富而特点鲜明，地理景观与生态系统类型极其丰富，青海高原湿地备受世界的关注。

1 湿地特点

（1）湿地类型多样

本次调查，在《全国湿地资源调查技术规程（试行）》划分的 5 类 34 型湿地中，青海分布有河流湿地、湖泊湿地、沼泽湿地等自然湿地和人工湿地 4 大类湿地，并有永久性河流湿地、永久性淡水湖、草本沼泽、人工库塘等 17 个湿地型，湿地类型多样。

（2）各类型湿地特征明显

以河流为中心，沿河流两侧浅水区或低洼潮湿积水地段的条带状分布在河流水流速度缓慢以及河床为淤泥地段，这一湿地类型的分布更为明显。构成该格局的系列条带状湿地植物群落类型依次为河流中心的沉水植物群落、河流两侧的挺水植物群落以及河流两边滩地的沼泽草甸。河流型湿地类型的分布可随着河流两侧地貌及滩地积水的差异，在河流两侧边缘呈不规则扩展。

以湖泊或浅塘为中心，沿湖滨边缘的环带状分布，这是由湖泊的特点决定的，受湖泊或湖塘水位变化波动的影响，在湖泊边缘的浅水区至湖滨地带往往生长一些沉水或挺水植物群落类型，如篦齿眼子菜群落（*Patamogeton pectinatus* spp.）等，形成明显的环带状特征。这一湿地类型多位于潜水溢出带，有时表现为以河流入湖口为中心，呈扇形展开的形式。受湖泊水文特征及其地形地貌等因素的影响，湖滨湿地带宽幅度有所差异，可形成环湖地区的间断分布。

河流源头高海拔地区或高原平缓滩地的沼泽型湿地，主要呈斑块状镶嵌分布江河源头区，地势高亢、气候寒冷、土层下部常有多年冻土层或季节性冻土层，降水和冰雪融水在平缓滩地产生滞水，不断发生沼泽化过程，草本植物残体难以完全分解，在土壤中形成厚度不均的泥炭层或具潜育层。由于融冻作用常常形成半圆形的冻胀草丘，丘间洼地常积水，也常形成形态大小各异的热融湖塘。以嵩草群落（*Kobresia* spp.）和苔草群落（*Carex* spp.）为典型代表的沼泽湿地在广阔的江河源区呈斑块状镶嵌分布，构成江河源区沼泽湿地独特的景观生态类型。

人工库塘和输水河湿地主要分布在江河干流、一级支流、二级支流等区域，人工盐田主要分布在柴达木盆地各盐湖及湖周。

（3）面积大，生态区位极其重要，呈明显的地域性特点

从四大湿地类分析，青海省湿地以沼泽湿地居多，面积为 564.54 万 hm²，占全省湿地总面积的 69.32%，其中沼泽化草甸湿地面积为 312.74 万 hm²，占沼泽湿地面积的 55.40%，内陆盐沼湿地面积为 224.54 万 hm²，占沼泽湿地面积的 39.77%；其次为湖泊湿地，面积为 147.03 万 hm²，占湿地总面积的 18.05%，之后为河流湿地，面积为 88.53 万 hm²，占湿地总面积的 10.87%，人工湿地最少，面积为 14.26 万 hm²，仅占湿地面积的 1.75%。由此可见，全省湿地分布极不均衡。

由于青海地处青藏高原东北部，是长江、黄河、澜沧江的发源地，自然地理条件特殊，具有独特的高海拔湿地生态系统，湿地资源十分丰富，尤其是江河源头的沼泽化草甸湿地和柴达木盆地的内陆盐沼湿地，分布集中，面积大，占全省湿地面积的 57.11%。江河源头地区海拔高，生态环境脆弱；而柴达木盆地地处我国内陆，是我国荒漠化、沙化的重点地区，同时也是我国内陆盐沼集中分布面积最大的地区，生态区位十分重要。一旦遭到破坏，无法恢复。因此，保护好高原沼泽湿地，对于维护生态平衡，改善青海省乃至黄河、长江、澜沧江中下游地区的生态状况，实现人与自然和谐，促进青海省经济社会可持续发展和全面建设小康社会都具有十分重要的意义。

同时，湿地又呈现地域性分布特点。河流湿地主要分布在玉树州的长江源区和海西州境内的柴达木盆地，分别占河流湿地总面积的 40.46% 和 20.63%。从长江源区到河口，地势平坦，河道宽阔，河网密布，多为永久性河流湿地。其次为唐古拉山以北地区，占河流湿地总面积的 11.15%，最少为西宁市，只占河流湿地总面积的 0.47%；湖泊湿地主要分布在海西州和玉树州，分别占湖泊湿地总面积的 26.58% 和 24.14%；沼泽湿地主要分布在海西州和玉树州，分别占沼泽湿地总面积的 49.76% 和 27.54%；人工湿地主要分布在海西州和海南州，分别占人工湿地总面积的 63.96% 和 28.19%。同时，湿地又呈现地域性分布不均衡的特点，湿地最多的是海西州，其次为玉树州和果洛州，湿地面积占全省湿地总面积的 81.23%。

（4）海拔高，结构简单，种类单一，湿地原始生态系统功能强大

青海高原湿地大多分布在海拔 4000m 以上区域，其湿地地域辽阔，人口稀少，社会经济发展相对滞后，人为活动对自然生态的破坏较轻，各类型湿地生态系统基本保持着原始的自然风貌。同时，由于该区域地势高耸、地貌多样、边远偏僻，在一定程度上阻隔了其他生态分布区的生物物种对该生态区生物群落的演替侵扰，保持着较强的生态功能。本次调查青海省海拔 3000m 以上的湿地面积为 526.02 万 hm²，主要是由西藏嵩草、苔草形成的沼泽化草甸湿地。青海高原湿地是我国重要的水资源基地，长江总水量的 25%、黄河总水量的 49%、澜沧江总水量的 15% 都来自这一地区。青海高原湿地维护着高原生态系统和气候环境的稳定，同时，该区域较原始的生态系统和人文环境，为我们研究生物资源的保护、开发和持续利用，探索人与自然和谐提供了难得的科研史料。

（5）湿地碳源是高原气候环境稳定的基础

由于高原湿地是该区域生态环境中最稳定的生态系统，它维护着区域内面积最大的高山草甸系统，缓解因过度放牧、气候暖干化和土地荒漠化等因素造成的环境恶化进程，抑制着区域内环境的退化趋势，为高原自然生态系统物质循环和能量循环的平衡起着重要作用。同时，高寒沼泽湿地泥炭储藏量高，是非常重要的碳库，储藏在不同湿地类型中，C约占地球陆地C总量的1%，是大气重要的碳汇，对减少大气CO_2等温室气体浓度、降低温室效益、稳定气候具有重要作用。研究表明，温度增加产生的呼吸作用强度大大高于光合作用，当湿地水位持续下降而积水变干后或泥炭沼泽受到破坏以及人为开发，泥炭将不断被分解，产生大量CO_2释放到大气中，导致全球气候环境发生变化。

（6）独特的高原湿地生物基因库

该地区独特的自然条件，加之环境变迁，这里既保留了古老的物种，又产生了许多新的种属，使该地区成为现代物种分化和分布的中心，孕育了地球上独特的生物区系，具有生态环境的多样性、物种的多样性、基因和遗传的多样性。据资料，青海高原湿地区域内分布栖息的兽类有33种，其中小型食草动物和有蹄类动物种群存量较大；鸟类有171种，其中雁鸭类和猛禽类种群数量较多；两栖爬行类有12种，大多数为特有种；鱼类有55种，其中1/3以上为中国特有种。该区域有近万种昆虫和菌类。青海高原湿地内特有植物物种最多有300种，约占中国特有种的30%，其中高寒草甸、高寒沼泽化草甸为中国特有。这些都具有极大的经济价值和科学研究意义。

（7）区域经济发展的保障

青海高原湿地区域广泛分布着高寒灌丛草场、草甸草场等丰富的草场资源，为畜牧业发展提供了重要的物质基础，如青南地区长江、黄河源区的山间盆地、河流两岸低阶地的沼泽草甸湿地区域，可利用草场面积为400多万公顷，其草本植物质量好，产草量适中，每公顷可产鲜草3000多千克，是青海省重要的畜牧业基地，也为各类野生动物的生栖繁衍提供了必要的生态场所。同时，河流湿地区域因地形地势原因，蕴藏着丰富的能源，为区域经济的发展起着保障和促进作用。

2. 湿地分布规律

青海是我国高原湿地的主要分布区之一，由南到北的唐古拉山、东昆仑山和阿尔金山—祁连山三大山脉构成了青海高原地形的基本框架，形成了青南高原、柴达木盆地和祁连山地三个大的地貌单元和自然地理区域。青海高原特殊的地质、地形和气候、植被为高原湖泊湿地、沼泽和草甸湿地、河流湿地的广泛发育提供了有利的条件。青南高原分布和孕育着青海省面积最大、最丰富的湿地资源。长江、澜沧江、黄河皆发源于此。另外，在西部一些小型内流河的末端形成了星罗棋布的高原湖泊群，大江、大河及湖泊在此区域形成了一幅壮观的水系局面；以柴达木为主的青中盆地主要分布着青海的内陆水系，该区域也是青海内陆盐沼、盐湖、咸水湖湿地类型相对集中分布的地带；青海北部的祁连山系山高、谷深、水系较为发育，其间有一定数量的外流水系和内陆水系，是黑河、石羊河、党河、疏勒河和大通河的发源地。

按照全国第二次湿地调查的湿地分类系统，青海湿地可划分为 4 大类 17 型。

（1）河流湿地

青海地处江河之源，境内水系发达，河流纵横。河流湿地主要分布于三大自然区域，分别是北纬 36° 以南的青南地区、柴达木盆地和青海湖区域及北部祁连山区域。这些河流的水源主要是降雨和周围雪山融水，大部分是永久性河流。

内陆流域有柴达木水系、青海湖水系、茶卡—沙珠玉水系、哈拉湖水系、祁连山水系、可可西里水系、内陆流域总面积 3744.86 万 hm^2，占全省总面积的 52%。这些内陆水系由大小 153 条河流组成，多为永久性河流。水源主要有降水和冰川融水补给。比较大的河流有格尔木河、柴达木河、诺木洪河、察汗乌苏、沙柳河、巴音河、鱼卡河、布哈河、哈尔盖河、倒淌河、黑马河、大水河、切吉河、黑河、托勒河、疏勒河等。

全省外流区总面积为 3485.23 万 hm^2，占全省土地总面积的 48%。分属黄河、长江、澜沧江三大流域。其中长江流域总面积为 1585.83 万 hm^2，占全省总面积的 21.93%，省境内流长 1109.83km，约占干流总长的 17%，主要水系有通天河水系、雅砻江水系、大渡河水系；澜沧江流域面积为 374.21 万 hm^2，省境内干流长 448.0km，较大支流有解曲、子曲等，流域面积占全省总面积的 5.2%；黄河流域总面积 1525.19 万 hm^2，占全省面积的 21.2%，黄河在青海境内流长 1983.0km，占黄河干流总长的 36.6%，其中较大的支流有达日河、东科河、西科河、泽曲、曲什安河、巴沟、大河坝河、隆务河、湟水等。

（2）湖泊湿地

青海是全国多湖省区，湖泊湿地主要分布在四大自然区：北部及东北部祁连山区域，大致在青海湖、海西州德令哈以北至祁连山党河南山省界范围之间，主要为咸水湖。柴达木盆地区域，是青海中部盐湖、咸水湖集中分布的地区。长江源、可可西里区域，主要分布在昆仑山和唐古拉山之间，青藏公路以西的波状高原地区。黄河源区域，主要分布在巴颜喀拉山以北玛多县境内，主要为淡水湖。

境内面积大于 $50hm^2$ 以上的天然湖泊共计 530 个，面积为 $144.03hm^2$，主要有永久性淡水湖、永久性咸水湖、季节性淡水湖、季节性咸水湖四类。其中面积大于 $100hm^2$ 的永久性淡水湖有 212 个，总面积为 29.44 万 hm^2，比较著名的如果洛扎陵湖、鄂陵湖、可鲁克湖、岗纳格玛错等；面积大于 $100hm^2$ 的永久性咸水湖有 103 个，总面积为 111.37 万 hm^2，面积比较大的有青海湖、哈拉湖、茶卡盐湖、东西达布逊、东西台吉乃尔湖、南北霍鲁逊湖、苏干湖、依克柴达木湖、托素湖、尕海、尕斯库勒湖、柯柯盐池等，其中青海湖是我国最大的内陆咸水湖，也是我国最大的湖泊，面积为 43.4 万 hm^2。

（3）沼泽湿地

青海的沼泽湿地主要是高寒沼泽化草甸和内陆盐沼。高寒沼泽化草甸主要分布在东经 92°~95° 的通天河以南地区，多由唐古拉山脉顶峰的冰雪融水和降水提供来水，沼泽湿地间分布有众多细小的山间溪流。本省东北部天峻县境内也分布着较大面积的湿地；另外，在全省较大的湖泊湿地周围也零星片状分布有不连续的小块沼泽湿地，内陆盐沼主要分布在柴达木盆地，是我国盐沼分布面积最大的地区。

按照中国植被分类系统，青海的沼泽化草甸主要是西藏嵩草沼泽草甸和藏北嵩草沼泽草甸，其次为圆囊苔草沼泽和芦苇沼泽化草甸。著名的沼泽有玉树隆宝湖草甸沼泽，果洛扎陵湖和鄂陵湖两湖间的沼泽，岗纳格玛错草甸沼泽等。

（4）人工湿地

青海省人工湿地以黄河干流及一、二级支流上的水库为主，其次为海西州盐湖湿地周边的盐田和东部农业区的小型水库、池塘及人工湖泊。面积为1万 hm² 以上的只有龙羊峡水库1处，另有李家峡、公伯峡等20余处中型水库。

第四章　湿地生态系统的功能和作用

第一节　保护生物和遗传多样性

　　湿地蕴藏着丰富的动植物资源，湿地植被具有种类多、生物多样性丰富的特点，许多自然湿地为水生动物、水生植物、多种珍稀濒危野生动物，特别是水禽提供了必需的栖息、迁徙、越冬和繁殖场所。对物种保存和保护物种多样性发挥着重要作用。对维持野生物种种群的存续，筛选和改良具有商品价值的物种均具有重要意义。如果没有保存完好的自然湿地，许多野生动物将无法完成其生命周期，湿地生物多样性将失去栖身之地。同时，自然湿地为许多物种保存了基因特性，使得许多野生生物在不受干扰的情况下生存和繁衍。因此，湿地当之无愧地被称为"生物超市"和"物种基因库"。

一、生物多样性概述

（一）生物多样性的概念

　　地球上的所有生物，也就是科学家所谓的生物圈或是神学家口中造物主的杰作，相当于一层由生物所组成、包裹着地球的薄膜，它非常之薄，薄到人们从航天飞机上观看到地球的边缘都没法看见它，但是它的内部又如此复杂，复杂到组成的物种大多尚未被发现。自20世纪80年代开始，人类在进行自然环境保护的实践中越来越意识到，在大自然中，不同生命体的内部、生物学和环境之间都存在极为紧密的联系，所以自然环境保护中单纯注重对生命体自身进行保护是远远不够的，往往难以达到理想的效果。为了挽救珍稀濒危生物，不但必须对其所涉及的种类以及野外种群加以重点保护，同时还必须维护好该生物的自然栖息地。或者说，还必须对物种及其所属的整个生态体系加以合理维护。在如此的生态背景下，生物多样性概念应运而生。

（二）生物多样性的定义

　　在《环境保护生态学》一书中，蒋志刚等人给生物多样化所下的定义是："生物多样化是生物及其自然环境构成的生态化复合物及其与此相关的各类生态过程的整体综合性，包含哺乳动物、植被、细菌和它们所具有的基因组以及它们与其栖息地构成的错综复杂的自然环境。"

（三）生物多样性的组成

1.遗传多样性

遗传多样性是生物多样性的重要组成部分，而所谓的遗传多样性，是指在地球上生物学个体所包含的各种基因组数据的总数。这种基因组数据都储存在生物学个体的基因组里，所以，遗传多样化也指生物学的遗传性背景多样化。

2.物种多样性

物种多样性是生物多样性的核心概念，它主要指地球上动物、植物、细菌等生物学类型的多样化程度。生物多样性包含两个方面，一是指某个范围内的生物学类型丰富水平程度，可称为地区生物多样性；二是指在生态方面的生物分布的均衡水平程度，也称为生态多样性或种群生物多样性。

3.生态系统多样性

生态系统多样性主要是指地球上自然生态体系结构、各种功能的多样性及其各类生态过程的多样性，包括自然环境的多样、生物群落与生态过程的多样等基本方面。同时，自然环境的多样性是构成生态系统多样性的物质基础，而生物群系的多样性又体现自然界种类的多样性。

（四）生物多样性的价值与意义

1.生物多样性的价值

生物多样性是一个重要的生物资源问题，有的生物质资源开发利用技术已被人们所使用，但仍然有大量生物质资源开发利用技术尚处于未使用状态，它们是一个潜在的微生物资源。生物多样性有很大的研究和使用价值，在世界各国的经济社会发展中，发挥着非常重要的作用。

生物多样性的基本经济价值包含直观经济价值和非直接经济价值。直观经济价值是指人类能直接地获得和使用野外动植物各种资源而产生的经济价值，它可以分为居民消费使用经济价值和生产使用经济价值两个方面。消费使用经济价值是能直接地在动植物各种资源上获取但又不能进行市场流通的经济价值，如栖息于山林乡野中的人所获取的薪柴、蔬菜、果品、肉食、皮革等生活必需品。生物多样性的非直接经济价值和自然环境有关，它虽不直接作用于人类经济生活，但是它的实用价值却远远超出了直接经济价值。而生物多样性的非直接经济价值又分为非消费性使用经济价值、选择经济价值、生存经济价值、科学研究价值。非消费性使用价值可以为人类社会发展创造持续的社会价值，如植物的光合作用。选择经济价值在于对生物基因进行保护，为人类的后续发展提供选择的余地。生存经济价值能够为该地区人民带来某种荣誉感或心理上的满足，如大熊猫这种中国特有珍稀动物，已成为代表中国的符号。科学研究价值是指某些物种能为生物演化进程研究提供考察依据。

2.生物多样性的意义

生物多样性是人类社会得以发展以及有序发展的重要基础，人类生活的各个方面都与生物多样性密切相关。生物多样性为人类提供了食物、木材、工业原料、纤维，人类呼吸所需要的氧气也依赖于植物的光合作用。生物多样性的维持，有益于珍稀动植物的保存。地球的生物包括人类都处于一个相互协调的生态系统内，如果一个物种灭绝，人类将会永久地失去这个物种的基因，这必然会引起生态系统某一部分的失衡，或多或少会对人类的生活产生影响。保护生物多样性，特别是珍稀物种，对人类的永续发展与科学事业具有重大战略意义。

二、湿地保护生物多样性的作用

生物多样性是支撑地球生命的系统，是指数以百万计的动物、植物、微生物和它们所拥有的基因，以及它们与生存环境形成的复杂的生态系统。生物多样性在地球表面无处不在，它是地球环境亿万年演化的产物，又是人类及其他生命环境的缔造者与维持者。生物多样性是完整的、和谐的、浑然一体的，它体现了一个区域内生命形态的丰富程度，如遗传（基因）多样性、物种多样性和生态系统多样性。

湿地是位于陆生生态系统和水生生态系统之间的过渡性地带，在土壤浸泡于水中的特定环境下，生长着很多湿地特征植物。湿地广泛分布于世界各地，拥有众多野生动植物资源，很多珍稀水禽的繁殖和迁徙都离不开湿地。

水是生命之源，也是湿地的灵魂。从地球上生命的起源到人类社会的形成，从生产力低下的原始社会到科学技术发达的现代社会，人与湿地结下了不解之缘。水既是人类生存的基本条件，又是社会生产必不可少的物质资源。生物多样性为人类对水资源的利用提供了条件，也为运用水资源服务人类的生活带来了方便。

（一）湿地是基因库

一个种群全部个体所带有的全部基因的总和就是一个基因库，湿地生物多样性丰富，是庞大的基因库。湿地生物多样性包括所有湿地植物、动物和微生物以及它们所拥有的基因和它们与环境所组成的生态系统。湿地生物多样性通常包括生态系统多样性、物种多样性和遗传多样性三个层次。

1. 生态系统多样性

湿地生态系统多样性是指湿地生境、生物群落和生态过程的多样化以及湿地生态系统内生境差异、生态过程变化的多样性。湿地生态系统的多样性可以在湿地分类中得到体现。湿地类型多样，区域差异明显，我国湿地划分为沼泽湿地、湖泊湿地、河流湿地、滨海湿地和人工湿地五大类，每个大类又分为不同的小类。不同的水文、地貌、土壤、水化学和气候相互作用，产生湿地生境的多样性，高生境多样性可以保证高物种多样性，许多物种可以适应范围较广的生境，这表明在这些物种中存在高的基因多样性。湿地生态系统多样性是物种多样性和遗传多样性的基础与生存保证。多样性的湿地生态系统为各种湿地生物提供了适宜的生存空间及环境，保证了生物多样性的延续和昌盛。如果湿地生态系统多样性遭到破坏，随之而来的将是湿地动植物资源急剧减少和湿地环境恶化，不利于湿地生态系统可持续地为人类的生存发展提供有形和无形的湿地产品。

2. 物种多样性

湿地是许多生物的栖息生境，其间的生物物种多种多样。中国湿地生境类型众多，为湿生、水生生物物种创造了丰富的栖息生境。中国湿地不仅物种数量多，而且有很多是中国所特有的，具有重大的科研价值和经济价值。据现有资料初步统计，中国湿地高等植物约有2276种，隶属于815属225科，其中苔藓植物64科139属267种，蕨类植物27科42属70种，裸子植物4科9属20种，被子植物130科625属1919种；湿地动物的种类也异常丰富，我国已记录的湿地野生动物共有25目68科724种（不含昆虫、无脊椎动物、真菌和微生物），其中鸟类12目32科271种，两栖类3目11科300种，爬行类3目13科122种，兽类7目12科31种。因此，无论从经济学还是生态学来看，湿地都是最具有价值和生产力最高的生态系统。

3. 遗传多样性

湿地生物所携带的各种遗传信息储存在生物个体的基因中，湿地遗传多样性是指存在于湿地生物个体、物种与物种之间的基因多样性。遗传多样性包括种内显著不同的种群间的遗传变异和同一种群内的遗传变异，包含染色体多态性、蛋白质多态性和DNA多态性三个方面。物种多样性是遗传多样性的基础，湿地丰富的物种多样性为形成纷繁多样的基因创造了条件。湿地中种类繁多的植物、动物和微生物依赖湿地而生存，任何一个物种或生物个体都保存着大量的遗传基因。湿地是重要的遗传基因库，在维持野生物种种群的存续，生物的进化，筛选和改良能作为商品的物种等方面均具有重要意义。遗传多样性可以增加生物生产量和改良生物品种，人类通过传统的育种技术和现代化的生物基因工程，成功地培育了新品种，不断扩大作物的适应范围，提高作物生产力。

自20世纪以来，随着全球许多地区湿地类型改变、湿地面积减少等现象的发生，湿地生物多样性下降、自然灾害频发等生态问题日益凸显，湿地变化已经引起了全社会的广泛关注。据《联合国千年生态系统评估报告》数据显示，20世纪以来，北美、欧洲、澳大利亚和新西兰部分地区的某些类型湿地超过50%已发生转变。就湿地面积变化而言，美国的湿地丧失了54%，法国的湿地丧失了67%，德国的湿地丧失了57%。这期间，由于过度开发、毁灭性捕捞、污染与淤积，全球约有20%的珊瑚礁已丧失。由于过度排水、建坝和工业发展，美索不达米亚平原沼泽（位于伊拉克南部底格里斯河与幼发拉底河之间）的面积从10世纪50年代的15000~20000hm²减少到今天不足400hm²。而在过去近20年里，全球约有35%的红树林已经消失。湿地是生命的摇篮，人类的生活离不开湿地。众所周知，地球上只有2.5%的水是淡水，可供人类使用的不足1%，目前全世界还有22亿人没有安全的饮用水。所以说，保护湿地，保护更多更好的淡水资源，对人类意义重大。因此，只有建设和保护好湿地生态系统，维护和发展好生物多样性，才能保障地球的健康，人类才能永远地在地球这一共同的美丽家园里繁衍生息。

（二）我国的湿地和生物多样性

我国湿地面积位居亚洲第一，世界第四。我国湿地分布广、类型丰富、面积大，从寒带到热带，从沿海到内陆，从平原到高山，纵横交错的湿地密布广袤的大地，几乎涵盖了《湿地公约》中所有的湿地类型，是世界上湿地生物多样性最丰富的国家之一。

资料显示，我国内陆湿地已知的高等植物有 1548 种，高等动物有 1500 种；海岸湿地生物物种约有 8200 种，其中植物 5000 种、动物 3200 种。我国有湿地鱼类 1000 多种，占我国鱼类种数的 1/3。在我国所有湿地鱼类中，内陆淡水特产鱼类达 410 种，占我国鱼类种类的 14.6%。

为通过地方和国家层面的行动及国际合作，推动湿地保护修复与合理利用，为实现全球可持续发展做出贡献，《湿地公约》于 1971 年 2 月 2 日签署，1975 年 12 月 21 日正式生效，现有 172 个缔约方。中国政府于 1992 年加入《湿地公约》，成为该公约第 67 个缔约方。加入《湿地公约》以来，中国政府与国际社会共同努力，在应对湿地面积减少、生态功能退化等全球性挑战方面采取了积极行动，通过推进湿地立法、实施《湿地保护修复制度方案》、制定国际重要湿地、发布国家重要湿地名录、开展湿地调查监测和保护修复工程等措施，全面强化湿地保护管理，不断拓展国际交流与合作、提高全社会湿地保护意识，获得了国际社会的普遍认可和广泛赞誉。

"十三五"期间，我国持续强化湿地管理顶层设计，进一步完善湿地生态系统保护法律法规体系建设，加快推进立法工作，目前已形成《湿地保护法（草案）》，28 个省份开展了省级湿地立法。2016 年 11 月《湿地保护修复制度方案》印发后，我国出台了国家湿地保护管理制度 14 项，指导各地出台省级实施方案，制定 83 项省级湿地保护管理制度。5 年来，中央财政投入 98.7 亿元，实施湿地生态效益补偿补助、退耕还湿、湿地保护与恢复补助项目 2000 多个。

同时，按照湿地生态区位、生态系统功能和生物多样性的重要性，我国对湿地实行分级管理，初步建立起以国际重要湿地、国家重要湿地、湿地自然保护区、国家湿地公园为主体的全国湿地保护体系。5 年来，新增国际重要湿地 15 处，新增国家重要湿地 29 处，国际重要湿地总数达 64 处；新增国家湿地公园 201 处，国家湿地公园总数达 899 处，湿地保护和退化湿地恢复的面积不断扩大，湿地生态系统功能得到有效恢复。

"十三五"期间，我国还不断加强湿地监督管理，先后出台了相关文件，明确湿地监督管理范围，推进滨海湿地资源保护。修订了《国家湿地公园管理办法》，明确了国家湿地公园的负面清单。这期间，还持续加大红树林保护修复力度，开展了专项调查，摸清了全国红树林底数，并印发了《红树林保护修复专项行动计划（2020—2025 年）》。长江、黄河流域等重点区域湿地保护工作持续发力。

湿地保护是一项长期而艰巨的任务，也是一项复杂的系统工程。令人欣慰的是，各地统筹推进湿地保护与修复，增强湿地生态功能，维护湿地生物多样性，共同勾画出湿地保护与修复的同心圆。四川邛海湿地加大恢复工程建设，使邛海水域面积恢复至 20 世纪鼎盛时期的 34km²。云南抚仙湖国家湿地公园投入 300 亿元人民币进行湿地生态保护修复，使得水质常年保持在 Ⅰ 类。2015—2019 年，苏州市 15 个湿地公园内鸟的种类、种群数量分别增加 46.2%、94.9%。

当人类懂得感恩，自然总能给我们更多的回馈。良好的湿地生态环境给动植物提供了生活场所，更带来了巨大的商业价值。很多地区因良好的生态自然环境，利用有限土地创造出更高的经济价值和社会、生态效益，实现了经济建设和生态保护双赢。没有健康的湿地，就没有健康的人类。

第二节　减缓径流和蓄洪防旱

湿地在控制洪水，调节河川径流、补给地下水和维持区域水平衡等方面的功能十分显著，是其他生态系统所无法替代的，湿地是陆地上的天然蓄水库，湿地还可以为地下蓄水层补充水源。

一、流域湿地水文调蓄功能概念、内涵与特征

（一）流域湿地水文调蓄功能概念与内涵

20 世纪 80 年代，国际上出现了湿地水文功能的概念，认为湿地水文功能是湿地水文过程所表现出来的所有功能，是湿地生态系统与水文过程相互作用的产物，主要包括洪水削减、水沙拦蓄、水质净化和补给地下水等功能。其中，湿地水文调蓄功能是湿地水文功能的核心内容，也是近年来学者们关注的焦点之一。纵观国内外有关湿地水文功能的概念，目前尚缺乏流域湿地水文调蓄功能公认的定义。

流域湿地水文调蓄功能是指流域湿地对水文过程的累积影响效应，即在流域尺度上湿地生态系统借助其特殊的水文物理特性，以水循环为纽带，通过影响流域蒸散发、入渗、地表径流、地下径流和河道径流等方式来改变流域水文过程的能力，主要体现在调节径流、削减洪峰、维持基流和补给地下水 4 个方面，具有时空变异性、阈值性和多维性等特征，在维持流域健康水循环和水安全中发挥重要作用。

湿地水文调蓄功能的大小主要由其特殊的水文物理性质决定，即湿地往往具有较高的土壤孔隙度和较强的土壤饱和持水量等特征，汛期通过吸收和储存来水发挥削减地表径流、降低流速和削弱洪峰等作用；非汛期以缓慢释水和下渗侧渗的方式发挥水源供给、维持基流和补给地下水等作用。

流域湿地以水文连通为媒介，即通过地表径流、地下径流、蓄满产流和潜流等方式与其他湿地和地表水系统连通，影响流域水文过程，发挥其水文调蓄功能。流域湿地的类型、面积和位置等因素影响其水文调蓄功能的大小（强或弱）及效应（增加或减小径流）。

（二）流域湿地水文调蓄功能特征

1. 时空变异性

流域水文过程和湿地水文物理特性具有显著的时间尺度（年际、季节性和逐日时变特征）和空间尺度变化特征，流域湿地水文调蓄功能的大小和效应也呈现明显的时空变异性。同时，流域气候变化、地形地貌特征、湿地特性和人类活动等在不同时空尺度上影响湿地之间及湿地与其他地表水系统水文连通程度，引起湿地特定的水文调蓄功能的大小和效应呈现时空变异性。在气候变化和人类活动的影响下，湿地水文调蓄几种作用之间可以发生相互转化，从而呈现时间尺度上的差异性。流域雨养湿地（如孤立湿地）在降雨期间主要发挥削减和延缓地表径流的作用，而在非降雨期间主要发挥补给地下水而增强基流的作用。另外，不同空间位置的湿地具有特定的水文情势，其与地表径流和地下径流的连通性不同，在流域尺度发挥水文功能的效应有显著差异性。例如流域上游孤立湿地在一定程度上发挥增强下游洪水的作用，下游河滨湿地主要发挥调节径流和削减洪水的作用。

2. 阈值性

湿地基于"蓄—滞—渗—排"过程发挥水文调蓄功能。基于"降雨—径流"过程中湿地水文调蓄作用的强度和效应的变化，将其划分为 3 个阶段：持续蓄水期、间歇性蓄满产流期和持续蓄满产流期。在降雨之初，若湿地土壤具有较低的含水量，湿地可以全部储蓄其汇水区内的降雨量而发挥削减径流的作用。随着降雨的增加，湿地储蓄水量和削减径流量逐渐增加；当湿地的土壤接近饱和，湿地本身及其汇水区所在的负地貌蓄水接近最大值（湿地地下水位逐渐接近地表），湿地就会发生间歇性的蓄满产流；随着累计降雨量的进一步增大，湿地地下水位等于地表时，湿地就会持续产流，从而增加地表径流和河道径流。

上述可见，在一定的条件下，流域尺度湿地水文调蓄功能存在阈值性，低于该阈值，湿地主要发挥储蓄水量和削减径流的作用；超过该阈值，湿地水文调蓄功能会发生本质性变化，主要发挥产流输送和增加径流的功能。

3. 多维性

流域湿地以水文连通为媒介发挥其水文调蓄功能，湿地水文连通的多维度动态特性决定了流域湿地水文调蓄功能的多维性，即纵向、横向和垂向 3 个空间维度以及 1 个时间维度。

流域湿地纵向调蓄作用，即上游湿地对下游水文过程的调蓄作用，主要体现在湿地对下游河道径流的调节作用。例如孤立湿地通过储蓄暴雨径流并缓慢释水的方式影响地表径流过程，进而影响河道径流过程。

横向调蓄作用是指洪泛区湿地—河流横向水文连通发挥径流调节、洪水削减和基流维持等作用。

垂向调蓄作用是指通过湿地地表水—地下水以及湿地—大气界面之间的水量（分）垂向交换（蒸散发）影响区域地下水均衡及流域水量平衡。从时间维度来看，流域湿地水文调蓄功能会随其水文连通和水文过程的变化而变化。

二、流域湿地水文调蓄功能的影响因素

流域湿地水文调蓄功能的影响因素可分为内在因素和外在因素，内在因素主要包括湿地土壤特性、植被特征和初始水文条件等；外在因素主要包括流域特征、降雨特征与气候变化及人类活动等。其中，内在因素决定了湿地水文调蓄功能的潜在能力，外在因素直接或间接地影响湿地水文调蓄作用的大小及效应。

（一）流域湿地水文调蓄功能的内在影响因素

1. 土壤特性

湿地土壤的质地、结构和孔隙度在很大程度上决定了湿地的蓄水量、渗漏量和潜流量，进而影响湿地水文调蓄功能。黏粒和孔隙度的大小决定了湿地土壤的透水性、持水性和排水能力，影响湿地的蓄水和补给地下水功能的大小。例如三江平原沼泽土壤草根阶层与泥炭层的容重为 $0.10 \sim 0.28 kg/m^3$，总孔隙度大于 70%，饱和持水量可达 $4000 \sim 9700$ g/kg，全区沼泽土壤的蓄水总量可达 46.97 亿 m^3。土壤厚度影响湿地的垂向调蓄作用，湿地下渗和侧渗能力往往随着土壤厚度的增加而减少。随着湿地的形成和演化以及人类活动的干扰，湿地土壤水文物理性质的变化越发复杂，湿地水文调蓄功能的强度和效应也会发生变化。土壤中动物形成的孔洞和植物残体会增加湿地的孔隙度。一方面提供了储水空间，增强了湿地对地表径流的削减作用；另一方面引起泥炭底层和土壤母质层交互的界面水力传导速度增加，从而增加潜流和侧渗量，增强湿地补给地下水功能。

2. 植被特征

湿地植物种类丰富且类型多样，植被的类型、盖度和格局及其季相变化直接影响其冠层、枯落物层和土壤层对大气降水的再分配过程，进而影响湿地对地表径流和河道径流的调蓄作用。植被通过降雨截留、透流作用和干流作用的方式影响降雨—径流过程，发挥削减地表径流的作用；河滨湿地植被因其具有较高的地表粗糙度发挥延迟下游洪峰形成的作用。然而，植被类型、盖度和格局不同，其粗糙度和枯枝落叶层厚度不同，对地表径流的削减作用和对河道径流调蓄作用有明显差异。

另外，植被的季相变化会引起湿地调蓄功能大小的改变。蒸腾是湿地水量支出的主要方式之一，可以为汛期湿地蓄洪削峰提供储水空间；春季植被蒸腾较弱，对湿地水文调蓄的贡献较低；夏季植被强烈的蒸散作用（超过降雨量）可引起湿地保持较低水位状态，湿地持续发挥较强的径流削减作用。

3. 初始水文条件

湿地的初始水文状况直接影响其蓄水和下渗能力，进而影响湿地水文调蓄功能。当湿地处于低水位且土壤含水量相对较低时，湿地具有较大的储水空间，可以储蓄大量的来水从而发挥削减地表径流和河道径流的作用；当湿地前期土壤含水量较高或水位较高时，湿地直接发挥水量传输的功能。

（二）流域湿地水文调蓄功能的外在影响因素

1. 流域特征

流域地形地貌、土地利用类型、河网水系等在很大程度上决定了湿地景观单元及其汇水区的大小和形状以及湿地的土壤类型、植被特征和坡度等，影响湿地水文调蓄功能。流域的河网水系密度、河道宽度、深度、长度和糙率系数等对湿地水文连通性产生重要影响，影响流域湿地水文调蓄功能的强度和效应。土地利用类型影响湿地内部及其汇水区的地表截留与入渗、积雪融雪和蒸发蒸腾等水文过程，进而影响湿地的水量收支平衡过程，影响湿地景观与下游景观类型之间的水量传输过程。

2. 降雨特征

降雨可以直接补给湿地或通过形成地表径流和潜流汇入湿地。降雨总量、强度、持续时间和集中度通过影响湿地及其汇水区的植被截留、填洼、下渗和产流等过程，从而影响湿地在降雨期间及后续流域产汇流过程中的水文调蓄作用。

3. 气候变化

以全球变暖为主要特征的气候变化加剧全球水文循环过程，驱动降水量、蒸发量、径流量等水文要素的变化，增强洪水、干旱等水文极值事件发生的频率和强度，深刻改变湿地—流域水文过程与水量平衡，进而影响流域湿地水文调蓄功能。

4. 人类活动

流域内大规模垦殖、城市化进程、河道取用水和水库防洪堤坝的修建等人类活动通过改变流域下垫面状况、湿地面积和河道径流机制等，进而影响湿地水文情势、景观格局及其水文连通，改变流域湿地水文调蓄功能的强度和效应。大规模的湿地排水和农田化直接引起湿地水位下降、面积萎缩和破碎化；水库和防洪堤坝的修建削弱湿地之间及湿地—河道之间的水文连通性，引起流域湿地蓄水削洪能力减弱，加重洪涝灾害风险。

第三节　固定 CO_2 和调节区域气候

由于湿地环境中，微生物活动弱，土壤吸收和释放 CO_2 十分缓慢，形成了富含有机质的湿地土壤和泥炭层，起到了固定碳的作用。湿地的水分蒸发和植被叶面的水分蒸腾，使得湿地和大气之间不断进行能量和物质交换，对周边地区的气候调节具有明显的作用。储存有大量比热容的水的湿地，主要通过以下两个途径来实现对气候的调节。

一、湿地的气候调节功能

湿地在蓄水、调节河川径流、补给地下水和维持区域水平衡中发挥着重要作用，是蓄水防洪的天然"海绵"，在时空上可分配不均的降水，通过湿地的吞吐调节，避免水旱灾害。

沼泽湿地具有湿润气候、净化环境的功能，是生态系统的重要组成部分。其大部分发育在负地貌类型中，长期积水，生长着茂密的植物，其下根茎交织，残体堆积。潜育沼泽一般有几十厘米的草根层。草根阶层疏松多孔，具有很强的持水能力，它能保持大于本身绝对干重 3～15 倍的水量。不仅能储蓄大量水分，还能通过植物蒸腾和水分蒸发，把水分源源不断地送回大气中，从而增加了空气湿度，调节降水，在水的自然循环中起着良好的作用。据实验研究，1 hm² 的沼泽在生长季节可蒸发 7415 t 水分，可见其调节气候的巨大功能。

（一）湿地为城市加湿

在干燥的季节里，我们的皮肤和鼻腔会感到干涩，如果这时在屋内放一盆水，就能缓解不少不适感。而湿地，尤其是城市周边的湿地，就如同一个个天然加湿器，能很大程度上增加空气湿度。

湿地为空气增加湿度，主要归功于其开放性的水面以及周边的软泥岸和植被。开阔的水面能增加蒸发量，这点很好理解，那么软泥岸和植被又有什么作用呢？其实，软泥岸对增加湿地蒸发有重要作用。一方面，软泥岸具有较低的阳光反射率，因此，升温效果比水体明显；另一方面，软泥岸中土壤颗粒间形成了类似毛细管的空隙，凹凸不平的表面也大大增加了蒸发面积，使得通过软泥岸的蒸发量明显增加。与此同时，软泥岸是大量湿地植物生长的良好区域，而植物通过其强大的蒸腾作用，也大大增加了湿地的蒸发量。以最常见的湿地植物芦苇为例，要生长 1kg 的芦苇，就需要蒸腾近 800kg 的水，如此大的蒸腾量自然能够极大地提高湿地周边的空气湿度。以北京市为例，湿地周边的空气湿度要比距离湿地 5km 之外的地方高 10% 以上，足见湿地这个天然加湿器的功能强大。

（二）给发烧的城市降温

众所周知，水具有巨大的比热容，也就是说，当吸收相同的热量时，水的温度上升得较小；水还有较高的汽化热，也就是水变为水蒸气时，会吸收大量的热。因此，随着空气湿度的增加，湿地还能有效地降低周边环境温度。

在城市中，由于人类的生产活动频繁，同时，建筑、路面改变了原有环境的特性，使得气温通常高于郊区，形成了所谓的"热岛效应"。热岛效应在一定程度上增加了人们在城市生活的不适感，因此体现出湿地，特别是城市湿地的重要性。这些湿地的存在，能够显著降低其周边环境的气温，在热岛中创造出凉爽之地。例如，夏季，北京昆明湖周边的气温，就要比城区中心的气温低 5~6℃，即使陶然亭湖这样的小型湿地，也能使气温降低 2~3℃。这些地区能够成为人们休闲避暑的胜地，道理就在于此。

（三）"吞"掉 CO_2

尽管森林和海洋是吸收 CO_2 的主力军，但湿地的功能也不能被忽略。

湿地为什么能吸收和储存 CO_2 呢？这是由于湿地为大量植物提供了良好的生长环境，植物的生长需要吸收 CO_2 来转化为植物体内的碳，在这些植物死亡后，由于湿地水体对植物组织的分解作用较慢，使 CO_2 释放的速度较慢，因此湿地成了碳的储藏库。

据测算，北京市内的湿地，一年能够固定约 15000 t 碳。这些固定的碳以及排放的氧，不仅在一定程度上改善周边环境的空气质量，还创造了显著的生态价值。这可以被理解为湿地植被通过吸收 CO_2 而增加大气对 CO_2 的容量，从而增加了生产过程中向大气排放的 CO_2 量。依照国际碳排放配额换算，固定这些碳相当于创造了约 3.25 亿元的经济价值，从这个角度来看，湿地创造的生态价值是十分可观的。

二、湿地对大气组分的影响

湿地内丰富的植物群落，能够吸收大量的 CO_2 气体，并放出 O_2，湿地中的一些植物还具有吸收空气中有害气体的功能，能有效调节大气组分。但同时必须注意到，湿地生境也会排放出 CH_4、NH_3 等温室气体。沼泽有很大的生物生产效能，植物在有机质形成过程中，不断吸收 CO_2 和其他气体，特别是一些有害气体。沼泽地上的氧气则很少消耗于死亡植物残体的分解。沼泽还能吸收空气中粉尘及携带的各种菌，从而起到净化空气的作用。另外，沼泽堆积物具有很大的吸附能力，污水或含重金属的工业废水，通过沼泽能吸附金属离子和有害成分。

（一）水分调节功能

湿地在蓄水、调节河川径流、补给地下水和维持区域水平衡中发挥重要作用，是蓄水防洪的天然"海绵"，在时空上可分配不均的降水，通过湿地的吞吐调节，避免水旱灾害。七里海湿地是天津滨海平原重要的蓄滞洪区，安全蓄洪深度为 3.5~4m。

沼泽湿地具有湿润气候、净化环境的功能，是生态系统的重要组成部分。其大部分发育在负地貌类型中，长期积水，生长着茂密的植物，其下根茎交织，残体堆积。潜育沼泽一般也有几十厘米的草根层。草根阶层疏松多孔，具有很强的持水能力，它能保持大于本身绝对干重 3~15 倍的水量。不仅能储蓄大量水分，还能通过植物蒸腾和水分蒸发，把水分源源不断地送回大气中，从而增加了空气湿度，调节降水，在水的自然循环中起着良好的作用。据实验研究，一公顷的沼泽在生长季节可蒸发掉 7415 t 水分，可见其调节气候的巨大功能。

（二）净化功能

沼泽湿地像天然的过滤器，它有助于减缓水流的速度，当含有毒物和杂质农药、生活污水和工业排放物的流水经过湿地时，流速减慢有利于毒物和杂质的沉淀和排除。一些湿地植物能有效地吸收水中的有毒物质，净化水质。

沼泽湿地能够分解、净化环境物，起到"排毒""解毒"的作用，因此被人们喻为"地球之肾"。假如没有了湿地，好比一个人被割去了肾脏。

例如 N、P、K 及其他一些有机物质，通过复杂的物理、化学变化被生物体储存起来，或者通过生物的转移（如收割植物、捕鱼等）等途径，永久地脱离湿地，参与更大范围的循环。

沼泽湿地中有相当一部分水生植物包括挺水性、浮水性和沉水性植物，具有很强的清除毒物的能力，是毒物的克星。据测定，在湿地植物组织内富集的重金属浓度比周围水中的浓度高出 10 万倍。正因如此，人们常常利用湿地植物的这一生态功能来净化污染物中的病毒，有效地清除了污水中的"毒素"，达到净化水质的目的。例如，水葫芦、香蒲和芦苇等被广泛地用来吸收污水中浓度很高的重金属 Cd、Cu、Zn 等。在美国佛罗里达州，有人做了如下试验，将废水排入河流之前，先让它流经一片柏树沼泽地（湿地中的一种），经过测定发现，大约有 98% 的 N 和 97% 的 P 被净化排除了，湿地惊人的清除污染物的能力由此可见一斑。在印度的卡尔库塔市，城内设有一座污水处理场，所有生活污水都排入东郊的人工湿地，其污水处理费用相当低，成为世界性的典范。调节局部小气候湿地水分通过蒸发成水蒸气，然后以降水的形式降到周围地区，保持当地的湿度和降雨量，使宁河区成为天津市气候较为湿润的地区之一。

第四节　降解污染和净化水质

许多自然湿地生长的湿地植物、微生物通过物理过滤、生物吸收和化学合成与分解等把人类排入湖泊、河流等湿地的有毒有害物质降解和转化为无毒无害甚至有益的物质，湿地在降解污染和净化水质上的强大功能使其被誉为"地球之肾"。

一、湿地净化功能及其影响因素

随着各个国家对当前水资源的不断重视，非点源污染已经成为当前环境科学中的一个非常重要的研究领域。湿地本身具有转变和保留以及去除营养物质的功能，自然湿地近些年逐步被应用于农业非点源污染的处理中。

（一）湿地系统净化功能

土壤、水、植物和微生物是构成湿地生态系统的重要组成部分，在水质净化过程中起到重要作用。下面笔者就湿地系统除水以外的各组成部分的作用及对水质的净化机理进行阐述。

1. 湿地土壤

湿地土壤泛指长期积水及在生长季节生长有水生植物或湿生植物的土壤，以及和其相邻、有密切物质能量交换、季节性积水的土壤，是湿地自然综合体的一个重要组成部分。既是湿地获取化学物质的最初场所，也是湿地发生理化反应的基质和中介。

在特殊的水文和植被条件下，湿地土壤有自身独特的形成和发育过程，表现出不同于一般陆地土壤的特殊的理化性质，使其在吸附、吸收污染物、净化水质等方面发挥特殊作用。

大量研究表明，湿地土壤对有机物、营养物质、重金属等都具有很好的去除效果。湿地土壤对水质净化主要是通过沉淀、吸附与吸收、离子交换、氧化还原和代谢分解等作用实现的。对不同类型土壤及污染物在土壤空间的分布状态研究表明，不同类型的土壤对污染物质的去除效果有一定的差别；水透过不同类型湿地土壤时，会增加数量不同的有机质、腐殖质等；在不同深度土层中的污染物质分布有所不同。

2. 湿地植物

植物在净化湿地水质方面发挥着十分重要的作用。湿地植物能够通过吸收利用和吸附富集污染物质直接去除水中的污染物，也可以通过湿地系统其他去除污染物的过程提供有利环境而进行间接净化，例如，输送氧气到湿地系统，提供根区微生物生长、繁殖和降解所需的氧；维持和加强湿地系统内的水力传输，维持系统稳定等。另外，植物根系有分泌作用，根系的分泌物可以促进某些 P、N 细菌的生长，促进 P、N 的释放及转化，间接提高水质的净化率。某些植物还可以抑制湿地中的藻类，减少藻类对湿地处理的不力影响。植物对湿地水中的 P、N 有很好的吸附作用，对重金属的吸附和富集作用也很明显。不同植物对污染物的去除效果不同，同一植物不同器官组织对污染物的吸收也存在差别。

另外，植物生长程度与湿地系统对污染物质的去除密切相关，刘兴土等人通过对三江平原沼泽区生态系统生态效益的研究表明，湿地中芦苇对多种污染物质具有吸收、代谢、积累作用，且长势越好、密度越大，对水质的净化能力越强。

3. 湿地微生物

藻类湿地中的微生物极其丰富，不同的类群具有不同的功能，为湿地污水处理系统提供了足够的分解者。它不但扮演着维持生态平衡的角色，还对湿地水质净化起到很大作用。微生物的活动是污水中有机物降解的主要机制。

水生植物通过通气组织的运输，将 O_2 输送到根区，从而形成了根表面及附近区域的氧化状态。例如，大部分有机物质在这一区域被好氧微生物利用氧化而分解成为 CO_2 和 H_2O；有机氮化物等则被这一区域的硝化细菌所硝化。而在湿地中的还原状态区域，则经过厌氧细菌的发酵作用，将有机物分解。对 N 的去除，张军等人表示，无机氮作为植物生长过程中不可缺少的物质可以直接被植物摄取，合成植物蛋白质等有机氮，通过植物的收割从而从污水和湿地系统中去除。但这部分仅占总 N 量的 8%～16%，因而不是主要的脱氮过程，微生物的硝化/反硝化在净化水中的氮起着关键作用。

（二）影响湿地净化功能的水环境因素

水是湿地的命脉，水文条件是控制湿地发生、类型分异和维持湿地存在的最基本因子，是影响湿地结构和功能的决定性因素。在美国召开的湿地功能和管理会议上定义了湿地的水质净化等水文功能。目前对湿地水力条件、水温条件、pH 值、氧化还原电位以及进水浓度的研究进展如下。

1. 水力条件

水力条件是影响湿地中凋落物分解的一个重要条件。在一定范围内，随着水力负荷的增加，湿地对污染物的去除效果呈下降趋势。国内外常规定人工湿地水力负荷为 0.2～0.4m³/（2m·d），提高水力负荷可减小湿地占地面积，但可能会降低其处理效率。也有研究表明，旱、雨季的不同水力负荷对 P 的处理效果几乎没有影响。很多研究表明，不同的水位条件会影响湿地植物的生长、水中溶解氧的含量及湿地系统对污染物的去除效果。

2. 水温条件

温度的变化会影响污染物的去除效率，水的温度对微生物的生长繁殖以及活性都有显著影响，进而影响微生物对湿地水质的净化。有研究发现短期的温度变化对 N、P 的去除影响不大，如果温度长期变化，可能由于湿地中的微生物群落适应新的环境而使数目和种类发生改变，从而影响湿地对水质的净化效果。

3. pH 值

湿地的 pH 值能够影响微生物的活性，从而进一步影响微生物对 N、P 等营养物质的去除效果。有研究表明，在 pH 显酸性和中性的条件下，根区周围的亚硝化菌和硝化菌活动较强，硝化菌占主导地位；在 pH 显碱性的条件下，NH_3 挥发作用显著，可溶性正磷酸盐的化学沉淀作用增强，由此来影响湿地对 N、P 的去除。另有研究表明，污水中的磷酸盐在土壤发生专性吸附时，单双键吸附完成后，产生 H_2O 分子和一个 OH^- 离子，整个反应过程取决于 pH 值，pH 值的降低有利于磷的强化固定作用。

二、湿地水生植物的水质净化与处置利用

水生植物是湿地生态系统中的重要组成部分，本文介绍了湿地中水生植物的水质净化作用，包括对悬浮泥沙、营养物质、重金属、有机物的去除。由于水生植物利用后若不进行处置利用将会造成二次污染，所以应该对收获后的大量水生植物进行处置和资源化利用。同时对处置利用途径进行了综述，比如制备肥料、生产饲料、食用或药用、做能源材料等。

（一）湿地水生植物的水质净化作用

湿地水生植物能有效地吸收水中的有毒物质，净化水质。例如 N、P、K 以及其他一些有机物质，通过复杂的物理、化学变化被植物体储存起来，或者通过生物的转移（如收割植物、捕鱼等）等途径，永久地脱离湿地，参与更大范围的循环。由于水生植物的水质净化作用，湿地的污染物去除效果与水生植物的生物量直接相关，水生植物发达的根系为微生物提供附着、栖息的场所，同时纵横交错形成密集的过滤层使不溶性胶体、重金属和悬浮颗粒等被底泥吸附沉降。

1. 对悬浮泥沙的去除

覆盖于湿地中的水生植物，使风速在近土壤或水体表面降低，从而有利于水体中悬浮物的沉积，降低沉积物质再悬浮的风险，增加水体与植物间的接触时间，同时还可增强底质的稳定和降低水体的浊度。根系表皮细胞由于新陈代谢，死亡后在微生物的作用下分解为腐殖质等物质。这些物质和植物生长过程中分泌的物质含有一系列特殊的功能团，它们对含各种基团的化合物都有很强的吸附能力，当水流经时，不溶性胶体会被根系黏附或吸附，起到过滤作用，从而将水中的悬浮物质和有机碎屑沉降下来。对不同水生植物去除悬

浮泥沙能力的研究表明高等植物可有效去除水体中的悬浮泥沙，改善透明度。水力滞留时间对植物去除悬浮泥沙的效果有较大的影响，水力滞留时间长，即使输入悬浮泥沙浓度很高，去除率和单位时间的净去除量也较高；浅水区的挺水植物对进水高浓度悬浮泥沙的有效过滤作用减缓了悬浮泥沙对深水区沉水植物的胁迫压力；沉水植物能进一步去除悬浮泥沙，抑制再悬浮作用，对水生生态系统的稳定起十分重要的作用。

2. 对营养物的去除

高等水生植物在生长过程中需要吸收大量的 N、P、CO_2 和有机物等营养物质，它们不仅可以通过根部吸收沉积物中的营养盐，还可通过茎叶吸收水中的营养盐。这对调节水体的 pH 值、溶解氧乃至水温；稳定水质都有重要意义。对于高等植物来说，营养物质是它们重要的生长基础，通过吸收将其转化为自身的组分。许多水生植物的生长速度很快，能吸收大量的 N、P、K 等营养元素，如每公顷凤眼莲每年可吸 N1989kg、P322kg、K3188kg；香蒲每年每公顷可吸收 N2630kg、P403kg、K4570kg。利用水生植物也可防治水华出现，在治理富营养化方面可收到一定效果。

3. 对重金属的去除

水生植物对重金属的去除取决于光照、温度、pH、重金属浓度及其化学形态、其他离子和螯合剂的有无及水硬度等物理、化学因素。水生植物根系分泌的特殊有机物能从周围环境中交换吸附重金属。被吸附的重金属离子小部分通过质外体或共质体途径进入根细胞，大部分金属离子通过专一或通用的离子载体或通道蛋白进入根细胞。吸收在根系内的重金属主要分布在质外体或形成磷酸盐、碳酸盐沉淀或与细胞壁结合。高等植物对重金属去除主要是吸收，如 Pb、Cd、As、Hg、Cr 等可被植物吸收，之后多以金属螯合物的形式蓄积于植物体内的某些部位。例如，水葫莲、香蒲和芦苇等被广泛地用来吸收污水中浓度很高的重金属 Cd、Cu、Zn 等。

4. 对有机物的去除

污水中有机物可为水生植物生长提供重要的碳源。水生植物对有机物的去除主要是通过富集和降解。对于不同水生植物，不同污染物的富集机制亦不相同。水生植物对有机污染物的净化包括附着、吸收、积累和降解等。水生植物可以其巨大的体表吸附大量有机物，相对减少水中有机物的浓度，尽管这不能从根本上消除有机物的存在，还可能将其释放到水中，但在一个相对时间内，是可以起到净化作用的。水生植物对有机污染物的净化效果明显。据资料调查显示，茭白、慈姑等对城市污水 BOD 的去除率可达 80% 以上。芦苇、香蒲、眼子菜和凤眼莲等对石油废水的有机污染物去除率可达 95% 以上。水葱可使食品厂废水中 COD 降低 70%~80%，使 BOD 降低 60%~90%。盐生灯芯草、灯芯草和水葱等对酚的净化能力都很强，100g 植物在 100h 之内对酚的吸收分别为 204mg/L、230mg/L 和 202mg/L。一些水生植物对有机农药的净化能力也很强。当水中 DDT 浓度为 0.445g/L 时，眼子菜体内浓度达 1.0mg/L，富集系数为 2220；当水中 DDT 浓度为 2.1mg/L 时，富集系数为 3500。

（二）湿地水生植物的处置与利用

1.水生植物需要进行处置利用的原因

水生植物在湿地中具有良好的水质净化效果，但生长结束后若不及时收割则会影响周围水质。表层密集的水生植物使阳光难以透射进入湖泊深层，深层水体的光合作用减弱使溶解氧的来源随之减少。同时，水生植物死亡后的腐化分解，加速了水体中溶解氧的消耗速度，水体缺氧成为必然。水中生物种群数量出现剧烈波动，导致水生生物的稳定性和多样性降低，破坏了水体生态平衡。富营养化水体中过量的藻类将会疯长，水温较高时植物残体腐烂分解，释放出大量的有机质和营养盐，污染水体环境，水生植物虽具有很强的吸收 N、P 的能力，但过度繁盛的水生植物腐烂造成的二次污染反而加重了水体的富营养化水平。

2.水生植物处置利用的方法

（1）制备肥料

水生植物体内含有丰富的 N、P、K 等矿物质元素，有机质、水分含量高，是高产的绿肥，因此可直接施与田中或打浆制成液体肥料，也可堆制有机肥、有机—无机复合肥或是作为土壤改良剂。黄东风等采用"微生物好氧发酵堆肥化技术"工艺生产出来的水葫芦肥料产品，其中水葫芦有机肥的有机质含量高达 49.88%，N、P、K 钾总养分含量为11.42%，属优质的作物有机肥料。

（2）生产饲料

水生植物富含各种蛋白质、氨基酸等，可直接饲喂禽畜或是投入鱼塘喂鱼，如眼子菜常作为猪饲料；浮萍可作为鱼类饵料；满江红等既是草鱼的饵料，又可喂猪、鸭。还有一些水生植物可以通过深加工做成精饲料等。

（3）食用或药用

湿地中常见的水生蔬菜包括莲、慈姑、菱、水芹、空心菜、宽叶香蒲等。有些水生植物可用作中药材，如薏米、芡实、莲子、泽泻、菖蒲、木贼、蒲黄等。有些在具有食用价值的同时，还兼有药用滋补作用，如菱可以治疗胃癌、乳腺癌、宫颈癌等；芦苇根部可入药，有利尿、解毒、清凉、镇呕、防脑炎等功能。

（4）能源燃料

一些水生植物如水葫芦、水花生等繁殖速度快、生物量大、组织鲜嫩、碳氮比适中，能被沼气菌群分解利用，适宜做沼气发酵原料生产能源。利用厌氧发酵技术将水生植物转化为高产热值的沼气，具有巨大的开发潜力和意义。发酵过程除产生沼气外，还能得到沼液、沼渣作为饲料或肥料，提高经济效益。

（5）其他用途

一些富含纤维的植物晒干后可作为造纸原料，如水葫芦、芦苇、皇竹草等。一些植物如水葫芦含有丰富的纤维素、蛋白质、脂肪及灰分，可用作培育草菇的原料。水葫芦活体对水体中重金属有较强的去除作用，故可将收获后水葫芦加工成重金属或染料的吸附剂。

三、流域湿地水质净化功能

（一）流域湿地水质净化功能的内涵

湿地是自然界中最重要的自然资源、景观和生态系统，在维护生物地球化学平衡、净化水质方面发挥巨大作用，但是随着人类活动的开展，地球原本的生态系统严重失衡，同时，湿地生态系统遭到极大的破坏，导致其原有的湿地净化功能不断减弱，引发水质下降、物质平衡失调等一系列生态问题。

（二）湿地的水质净化功能

湿地是重要的国土资源和自然资源，如同森林、耕地、海洋一样，具有多种功能。湿地与人类的生存、繁衍、发展息息相关，是自然界最富生物多样性的生态景观和人类最重要的生存环境之一，它不仅为人类的生产、生活提供多种资源，而且具有巨大的环境功能和效益，在抵御洪水、调节径流、蓄洪防旱、控制污染、调节气候、控制土壤侵蚀、促淤造陆、美化环境等方面有其他系统不可替代的作用，因此，湿地被誉为"地球之肾"。在世界自然保护大纲中，湿地与森林、海洋一起并称为"全球三大生态系统"。湿地具有去除水中营养物质或污染物质的特殊结构和功能属性，在维护流域生态平衡和水环境稳定方面发挥巨大作用。

1. 天然湿地的自我净化功能

流域湿地本身就是天然的生态系统，在一定程度上可以完成自我净化。但是由于近年来农村农业经济的发展，村民在河内的大量作业活动，加重湿地生态系统的多样性，使湿地难以完成水体自我净化。湿地的一项重要作用就是净化水体。当污水流经湿地时，流速减缓，水中的有机质、氮、磷、重金属等物质，通过重力沉降、植物和土壤吸附、微生物分解等过程，会发生复杂的物理和化学反应，这个过程就像"污水处理厂"和"净化池"一样可以净化水质。湿地在净化农田径流中过剩的 N 和 P 方面发挥着极其重要的作用。随着农村经济发展需求的逐步提升，河流退化、面源污染增加、社区环保意识淡薄等问题日益凸显，使原本的湿地面临着越来越严峻的水质和水量安全问题。

2. 人工湿地具有水质净化功能

天然湿地是处于水陆交接相的复杂生态系统，而人工湿地则是处理污水而人为设计建造的，工程化的湿地系统，是近些年出现的一种新型的水处理技术，其去除污染物的范围较为广泛，其净化机理十分复杂，综合了物理、化学和生物三种作用，供给湿地床除污需要的氧气；同时通过发达的植物根系及填料表面生长的生物膜的净化作用、填料床体的截留及植物对营养物质的吸收作用而实现对水体的净化。人工湿地具有投资省、能耗低、维护简便等优点。人工湿地不采用大量人工构筑物和机电设备，无须曝气、投加药剂和回流污泥，也没有剩余污泥产生，因而可大大节省投资和运行费用。同时，人工湿地可与水景观建设有机结合。人工湿地可作为滨水景观的一部分，沿着河流和湖泊的堤岸建设，可大可小，就地利用，部分湿生植物（如美人蕉、鸢尾等）本身即具有良好的景观效果。

四、人工湿地中污染物去除机理

众所周知，人工湿地，是一种新型的、广泛利用的水处理工艺。研究表明，人工湿地具有很强的去污能力，在一定条件下，BOD、COD 的去除率可达 80%～90%。虽然存在一些缺点，但同时具有建造和运行费用低、技术要求不高、易于维护等优点。总体来看，在我国广大农村、中小城镇的污水处理领域，具有广阔的应用前景。

（一）人工湿地生态系统的构建原则

1. 湿地植物的选择

湿地植物的存在不但较大程度稳定了人工湿地填料床的结构组成，为人工湿地对各种污染物的物理过滤提供了良好的条件，同时也为湿地生态系统中微生物的繁殖、生长提供了良好的空间环境。人工湿地生态系统中，大量水生植物的存在，较大程度降低了污水在湿地内部的流动速度，增加了污水在人工湿地生态系统中的水力停留时间，有利于污水中悬浮颗粒污染物的物理沉降作用，同时也在一定程度上减少了污水对湿地系统地表的侵蚀以及沉淀悬浮物的沉淀后再悬浮。

不同水生植物对于污水的处理效果，存在较大的差异，这主要是由于植物对湿地基质的输氧能力以及穿透基质的作用，主要受植物根系发达程度的影响。通常情况下，大型种类湿地植物都有粗壮的根系，还有较为发达的不定根，因此，其输氧能力以及穿透基质的作用都显著优越于小型种类湿地植物。

人工湿地系统对于水生植物的选择，最基本的要求是所选水生植物对污水中的各类高浓度的污染物要有一定的承受能力；针对不同污染程度的污水，应根据实际的处理需求，选择种植适宜的水生植物，通常情况下，选择湿地植物应遵循以下原则：

（1）选择去污效果好的水生植物

在人工湿地选择植物时，应着重选择对单位面积污染物具有较高去除率的水生植物。首先选择具有较高生物量的水生植物；其次选择植物体内具有较高污染物浓度的水生植物；最后，在去除具有较高重金属含量的特殊污水时，应重点选择具有较强重金属富集能力的湿地植物，具体可根据所处理污水的污染物种类进行选择。

（2）选择具有较强抗逆性的水生植物

选择具有较强抗逆性的水生植物，有助于促进人工湿地生态系统的健康稳定发展。

（3）选择根系较为发达的水生植物

选择根系较为发达的水生植物是湿地植物选择的重要原则，首先，根系发达的水生植物能够分泌更多的根系分泌物，为湿地微生物创造良好的生长繁殖条件，有利于促进湿地植物根系对污水污染物的生物降解，提高人工湿地污水净化能力；其次，较为发达的植物根系在维护湿地填料床体表面稳定、笼络土壤和保持植物与微生物旺盛生命力等方面具有重要的促进作用，对维持湿地生态系统的结构稳定性具有重要意义。

2. 湿地填料的选择

湿地应侧重于选择具有空隙率大、比较面积大的填料，以提高人工湿地的水力传导性能，增加湿地微生物的附着面积，以提高湿地生态系统对污水汇中污染物质的去除能力。目前应用较广的湿地填料主要包括土壤填料、卵石填料、塑料填料、炉渣填料、陶瓷填料、活性炭填料、自然岩石以及矿物材料等；各类填料的理化性质差异较大，均有各自的优缺点，在实际应用过程中，应根据污水水质、工程经济分析结论等做出合理选择，以实现填料功能的最大化。通常情况下，湿地填料的筛选必须满足以下五点要求：

①所选湿地填料必须具备材料质轻、松散容重小、机械强度强等特性。

②所选湿地填料必须比表面积大、孔隙率高，属于多孔惰性载体。

③所选湿地填料必须具有良好的化学性质，不得含有妨碍、不利于工业生产的有毒有害物质。

④所选湿地填料必须具备较低的水头损失，且填料形状系数好，吸附能力强。

⑤所选湿地填料过滤速度高，工作周期长，产水量大，出水水质好。

3. 湿地微生物的功能作用

自然界中 C、N、P 等元素的循环离不开微生物的代谢作用，各类好氧、厌氧以及兼性微生物也是人工湿地生态系统中的重要组成部分，在污水污染物质的降解与转化过程中，扮演着重要角色，与湿地植物以及湿地基质在人工湿地生态中起核心作用。微生物是湿地生态系统重要的生产者，微生物种类、数量以及空间分布的变化对人工湿地污水净化能力产生重要影响。

（二）人工湿地生态系统污染物去除机理

人工湿地生态系统对污水的净化处理过程，综合了物理、化学和生物三重协同作用，最终可以通过物理过滤与吸附、化学沉淀与离子交换、植物吸收与微生物分解等多种途径来实现对污水中各类污染物的有效去除。

1. 人工湿地对污水中悬浮物质的去除

悬浮物 SS 是指在水体中处于悬浮状态的固态物质，主要成分为各种不溶于水的无机物、有机物、黏土、泥沙以及微生物等，是造成水体出现混浊的主要原因。由于污水中悬浮颗粒在物理密度以及尺寸大小上具有较大差异，造成了人工湿地对各类悬浮颗粒的去除机理与路径存在较大差异，主要表现为物理沉淀、颗粒聚集以及表面黏附，通常情况下，人工湿地生态系统对于大颗粒悬浮物的去除主要依靠填料床的物理过滤作用；与大颗粒悬浮物相对应的小颗粒悬浮物主要通过人工湿地生态系统中的倒淤层得以去除。

2. 人工湿地对污水中有机污染物质的去除

人工湿地生态系统对于污水中不溶性有机物的去除，主要表现为填料床的过滤作用而使其截留在湿地内部得以去除；对于污水中的可溶性有机物，人工湿地生态系统主要由植物根区的生物膜通过吸附、吸收及生物降解等方式，分解成 CO_2、H_2O 或者有机酸等小分子物质而得以去除。通常情况下，由于人工湿地存在溶解氧含量不足的问题，污水中有机物质的去除主要由兼性细菌、厌氧细菌的代谢作用来实现。

3. 人工湿地对污水中含氮污染物质的去除

通常情况下，污水中含氮物质的表现形式主要为氨氮和有机氮，人工湿地对污水中各类含氮物质的去除途径包括以下三种形式：

①污水中的氨氮可通过湿地植物以及湿地微生物同化作用，转化为生物机体的有机组成部分，最终通过对湿地植物定期收割的方式，实现对污水中氨氮的有效去除。

②在污水 pH 值较高（大于 8.0）的情况下，污水中的氨氮可通过自由挥发的形式从污水中溢出，但通过自由挥发减少的氨氮，只占人工湿地氨氮去除总量的一小部分。

③人工湿地对污水中含氮有机物质的主要去除途径为湿地微生物的硝化以及反硝化作用，在好氧条件下，污水中的氨氮经过亚硝化细菌、硝化细菌的亚硝化以及硝化作用，先后转化为亚硝酸盐、硝酸盐，随后在缺氧以及有机碳存在的条件下，经过反硝化细菌的反硝化作用而被还原为 N_2，从水中逸出、释放到大气中，最终实现人工湿地对污水中氨氮的有效去除。

4. 人工湿地对污水中含磷污染物质的去除

污水中含磷污染物质的表现形式主要有颗粒磷、溶解性有机磷以及无机磷酸盐三类，人工湿地对污水中含磷污染物质的去除可通过填料床的吸附、微生物以及湿地植物的同化吸收、有机物的吸附等多重作用得以去除。

污水中的部分无机磷可通过湿地植物的吸收、同化作用，转化成植物机体的组成成分（如 ATP、DNA 以及 RNA 等），最终通过对湿地植物的定期收割使其得以去除，但是通过湿地植物吸收去除的磷污染物只占人工湿地去除总量的一小部分。

污水中的含磷污染物的主要去除途径依赖于湿地土壤的物理化学吸附作用，含磷污染物的去除能力取决于湿地土壤的环境容量，通常情况下，湿地填料的物理吸附以及化学沉淀作用对污水中 TP 的去除能力可达 90% 以上。

微生物对污水中含磷污染物的去除过程主要包括微生物对含磷物质的同化作用以及对其的过量积累两个过程，微生物对污水中含磷污染物的分解释放，能够有效促进有机磷酶的无机化，同时在含磷污染物的基质吸附沉淀、植物吸收同化过程中，也能起到显著的促进作用。

（三）应用实例

国内有关人工湿地的相关构建以及作用机理研究已经取得了很大的进展，人工湿地在我国污水处理行业的实际应用已经得到了大范围的推广。沈阳某污水处理厂采用人工湿地生态系统为主要处理工艺，对来自其上游的生活污水以及少量的工业废水进行处理，日处理规模为 2 万 m³/d，出水水质执行《再生水回用于景观水体的水质标准》（CJ/T 95—2000）。该污水处理厂建成于 2003 年，并于同年正式投产运行，多年的运行效果显示：该污水处理厂的冬季 CODCr 去除率为 70.5%，BOD_5 去除率为 81.9%，SS 去除率为 85.8%；夏季 CODCr 去除率为 72.8%，BOD_5 去除率为 81.3%，SS 去除率为 86.2%，是一种行之有效的生活污水处理工艺；冬季为了保持人工湿地填料床一定的温度，将夏季种植在湿地填料床上用于绿化和美化环境的芦苇、美人蕉、灯芯草等植物收割，平铺在填料床上，其上再铺一层塑料薄膜，可将填料床内被处理的污水温度维持在15~18℃，能够有效保证人工湿地冬季正常运行。

　　人工湿地能够利用土壤—湿生植物—微生物复合系统，经过物理、化学、生物学过程，对水中的水肥资源加以回收利用，在实现水质净化的同时，还能营造良好的湿地环境，形成独特的自然人工复合生态景观。沈阳某河口水质改善工程采用北方型人工湿地污水生态处理技术，对河水水质进行处理，能够有效削减河水的污染负荷，而且可以形成河口湿地缓冲区，提高河流沿岸的生物多样性，为水生动物提供栖息地，带动河流生态系统修复，营建该河流城市段生态景观，能够有效促进沈阳生态城市的相关建设。

第五章　湿地生态资源保护与开发的现实障碍

第一节　自然湿地大量丧失

中国重要的经济海区和湖泊，酷渔滥捕的现象十分严重，不仅使重要的天然经济鱼类资源受到巨大破坏，而且严重影响这些湿地的生态平衡，威胁其他水生物种的安全。中国许多海域的经济鱼类种类日趋单一、种群结构低龄化、小型化。在内陆湿地生态系统中，生物多样性受到严重威胁。例如白鳍豚、中华鲟、达氏鲟、白鲟、江豚已成为濒危物种，长江鲟鱼、鲥鱼、银鱼等经济鱼种种群数量已变得十分稀少；湿地水禽由于过度猎捕、捡拾鸟蛋等导致种群数量大幅下降，中国的红树林由于围垦和砍伐等过度利用，天然红树林面积已由 20 世纪 50 年代初的约 5 万 hm^2 下降到目前的 1.4 万 hm^2，已经有 72% 的红树林丧失。红树林的大面积消失，使中国的红树林生态系统处于濒危状态，同时使许多生物失去栖息场所和繁殖地，也失去了防护海岸的生态功能。

一、生物多样性减少

我国湿地不仅总量不足，更为严重的是，其面积减少、功能退化的趋势尚未得到有效遏制。随着人口的增加，工业化、城市化的快速推进，区域经济的迅猛发展，势必要占用大量的土地资源，肆意破坏湿地、征占用湿地的现象屡禁不止，加剧了湿地的丧失。随着湿地的消失以及湿地服务功能的减弱，湿地生物多样性正面临着严重的威胁。湿地水污染的种类繁多，一般可归纳为以下 8 种：

①耗氧污染物。主要来自生活污水及工农业排放，它是一些能被微生物降解成为 CO_2 和 H_2O 的有机物。可用 5 天生化需氧量（BOD_5）表示，单位为 mg/L，通常水中溶解氧（DO）至少应为 5mg/L。溶解氧数量不足或有机污染含量过高，都可引起水体溶解氧耗尽直到出现腐臭现象。

②致癌污染物。主要来自人类和动物的排泄物，经由医院、养殖场、屠宰场以及船舶产生的带有病原微生物、致病菌的废水排入水体。它可使人类和动物循环传染患病。

③合成有机物。主要来自洗涤用品、农药、印染物、橡塑制品、塑料泡沫等有机工业品及其降解物。

④植物营养物。主要指严重干扰水质净化的藻类和水草植物类，可使 BOD_5 值升高的物质。

⑤无机物及矿物质。主要来自城市及工业废水的排放、采选矿废水的抛弃。这些污染物的危害随物质的种类、存在形态和水体的物化性质以及生物的不同而不同。

⑥沉淀物。主要来自环境遭受破坏后产生的水土流失、沙尘暴、泥石流等而引起的无机矿物在水体中的大量沉淀，部分来自工业排放的颗粒物以及无机矿物在迁移过程中所产生的颗粒物。

⑦放射性物质。主要来自放射性矿床的开采和冶炼，核电站、核反应堆及放射性物质的使用等。

⑧热污染。来自热电工业的大量冷却热水及其他工业废弃的热水。这可导致水温升高，造成水的密度和黏稠度降低，水中悬浮物的沉淀速度加快，蒸发加强，加快有机物的氧化降解，增加氧的消耗，使水体中的溶解氧含量减少。湿地是一个天然的污水处理系统，但如果排污量超过了它的容纳量，势必对湿地系统结构和功能造成影响。环境污染对湿地的影响正随着工业化进程而迅速增大，如工业废水的排放和农药的流失，直接导致水生生物大量死亡和重金属等有害物质在水生生物体中的富集；生活污水的排放和化肥的流失，则导致水体富营养化，使浮游生物的种类单一，甚至出现一些藻类暴发性增殖，从而使整个生境恶化。目前，我国大多数江河和湖泊均遭到不同程度的污染，如被称为"高原明珠"的滇池，其水体已因污染变得恶臭难闻。素有"鱼米之乡"之称的太湖，也已出现严重的富营养化。沿海地区由于工业废水和城市污水直接排海，导致了赤潮的屡屡发生，使鱼虾贝类大量死亡。严重污染地段，如一些紧邻排污口的潮间带，甚至导致物种绝迹。

湿地污染对湿地生物多样性的影响是多方面的，下面从湿地污染对生物遗传多样性、物种多样性和生态系统多样性的影响进行简要探讨。

（一）湿地污染对生物遗传多样性的影响和机制

遗传多样性强调的是现有种质的遗传变异库存量，它既是生物遗传变异的历史积累，也是现有生物适应现有环境和未知环境的遗传基础。遗传多样性的丧失包括已有的遗传基因库的减小和新的遗传变异来源的降低。遗传变异性的丧失会导致生物对未来环境适应性的降低，这意味着人类进一步发展所依托的生物资源的减少。

污染条件下，遗传多样性水平降低可能有以下三方面原因：

①在污染的条件下，种群的敏感性个体消失，从而导致整个种群的遗传多样性水平降低。

②污染导致种群的规模减小，由于随机的遗传漂变，降低了种群的遗传多样性水平。

③污染导致种群数量减少，以至达到种群的遗传学"瓶颈"，即使种群最后完全实现了适应并恢复到原来的种群数量，但由于奠基者效应造成的遗传来源单一，遗传变异性的来源也随之大大降低。

（二）湿地污染对物种多样性的影响和机制

污染条件下，物种多样性水平降低有以下三方面原因：

①污染物对生物体的直接毒害作用，阻碍了生物体的正常发育，使生物丧失生存或繁

衍的能力，因而造成该物种在该污染物存在的环境中无法生存，物种多样性水平降低。例如由于农药的大量使用，在杀灭对农作物有害昆虫的同时也杀灭了一些对农作物有益的昆虫。

②污染引起生境的改变，使生物丧失了生存的环境。例如昆明滇池从 20 世纪 50 年代起由于水体污染导致富营养化，高等水生植物种类丧失了 36%，鱼类减少了 25%，整个湖泊的物种多样性水平显著降低。

③污染物在生态系统中的富集和积累作用，使食物链后端的生物难以存活或繁育。以美国长岛河口区生物对 DDT 的富集为例，该地区大气中的 DDT 含量为 3×10^{-6}mg/kg，其中溶于水的更少。但水中浮游生物体内 DDT 的含量达到 0.04mg/kg，以浮游生物为食的小鱼体内则为 0.5mg/kg，到整个生物链的末端海鸟时则达到 25mg/kg，富集系数高达 858 万。在对污染引起物种多样性丧失的研究中，除了应研究物种总的数量动态变化外，还应注意不同物种对于污染的耐性、火抗性水平不同。一般来说，广域分布的物种生存的机会大于分布范围窄小的物种；草本植物生存的机会大于木本植物；生活史中对生境要求比较严格的物种一般难以抵抗污染的环境。

（三）湿地污染对生态系统多样性的影响机制

环境污染往往会导致生境的单一化，从而造成生态系统多样性的丧失。例如，在昆明滇池地区，伴随富营养化的发展，湖滨地带的生物圈层几乎全部丧失。在有些湿地环境中，污染也导致生态系统复杂性降低，主要表现为：生态系统的结构趋于简单化，食物网简单化，食物链缺失；生态系统的物质循环路径减少或不畅通，能量供给渠道减少，供给程度降低。

导致生态系统复杂性降低的原因主要有两个：一是污染直接影响了物种的生存和发展，从根本上影响了生态系统的结构和功能基础；二是污染大大降低了初级生产，使依托强大初级生产量才能建立的各级消费类群缺乏的物质和能量支持，生态系统的结构和功能趋于简单化。

二、湿地及其生物多样性保护缺少专门的法律支持

我国至今尚未出台国家层面的湿地保护管理专门法规，没有建立起一整套针对湿地保护与利用的严格法律制度，如湿地征占用和改变用途审批制度、湿地生态补水制度等。国家层面仍处于无法可依的状态，由于法律缺失，湿地往往被用于开发建设，消亡速度加快。保护管理中还存在政策法制不完善、资金投入不足、保护管理基础设施薄弱等问题。

（一）地方规定中的湿地概念与范围不一

我国现行湿地保护地方性法规、规章中规定湿地概念的地方性法规、规章共 20 余部，只有《广东省湿地保护条例》完全采用了《湿地公约》的概念，其他地方性法规、规章对湿地的界定均不尽一致。采取概括式立法的地方性法规、规章共 2 部，其他均采取"概括+列举"式立法。概括式立法中，云南将湿地概念界定为"常年或者季节性积水、适宜喜湿

生物生长、具有生态服务功能并经认定的区域"，显然，这一过于抽象的描述导致在湿地保护与管理中无法认定其外延，湿地利用主体很可能基于概念的模糊而违法使用或破坏湿地资源。

有些地区要求纳入保护范围的湿地需经过部门认定，如《吉林省湿地保护条例》规定："湿地，是指常年或者季节性积水、适宜喜湿野生动植物生存，具有调节周边环境功能并经过认定的地域。"这样的认定程序从部门角度出发虽便于监管，但极易引发湿地保护执法中的随意性，由于认定标准和程序的不透明，湿地保护管理部门则通过对湿地概念扩大或者限缩解释选择性执法甚至逃避责任。

"概括＋列举"式的地方性法规、规章主要就湿地的类型进行了列举，河流、湖泊、库塘、沼泽都被认定为湿地，而冰川、湿草甸、洪泛平原、河口三角洲、湿原、盐沼地、泥炭地并未被有些法规、规章所纳入。此外，对于某些包含上述地形的地区，仍然存在未纳入立法保护范围的问题。其直接原因是各地地形差异，有些地区并不包含上述某些地形，但也存在保护范围窄小便于地方变相开发利用湿地资源的可能。涉及湿地资源的地方性法规、规章中，对"湿地资源"的解释多认为是湿地以及依附湿地栖息、繁衍、生存的野生动植物资源，还有认为应当包括微生物资源甚至湿地系统相邻的一定区域。实际上，湿地是水、土壤、动植物等多种环境要素的有机生态整体，这就意味着任何环境要素都对湿地生境至关重要，❶都应当被纳入保护。湿地资源的保护范围不一致，导致管理部门在日常监管中只能凭借经验判断，加大了执法成本。而没有可操作的湿地定义，湿地调查、评估监测等基础性制度更无从谈起，湿地保护从源头便难以展开。

各地湿地概念界定差异的直接原因在于，湿地立法定义包含大量的自然科学术语，同时受地区禀赋和立法者对湿地功能认知差异，再加上立法水平所限，不同地区的湿地界定不尽一致，呈现出自上而下的地区湿地立法探索样态。根本原因是分散于不同领域的法律法规及规章中湿地概念界定的立法冲突。具体而言，2019 年修正的《中华人民共和国土地管理法》（以下简称《土地管理法》）第 4 条依然将土地分为农用地、建设用地和未利用地。由于该法旨在鼓励土地开发利用，往往因湿地概念界定不清晰致使应当保护的湿地资源被纳入农业、建设用地等而遭破坏性减少。根据原国家林业局 2017 年修改的《湿地保护管理规定》，湿地指常年或者季节性积水地带、水域和低潮时水深不超过 6m 的海域，包括沼泽湿地、湖泊湿地、河流湿地、滨海湿地等自然湿地，以及重点保护野生动物栖息地或者重点保护野生植物原生地等人工湿地。前述概念在住建部 2017 年颁布的《城市湿地公园管理办法》中又有不同描述，即天然或人工、长久或暂时性的沼泽地、泥炭地或水域地带，带有静止或流动的淡水、半咸水、咸水水体，包括低潮时水深不超过 6m 的水域。2017 年修正的《中华人民共和国海洋环境保护法》（以下简称《海洋环境保护法》）则将滨海湿地界定为低潮时水深浅于 6m 的水域及其沿岸浸湿地带，包括水深不超过 6m 的永久性水域、潮间带（或洪泛地带）和沿海低地等，这一界定实际上对《湿地保护管理规定》中的海域进行了扩大化解释。2018 年 7 月，国务院颁布的《关于加强滨海湿地保护

❶ 李爱年，刘爱良.湿地法律概念的实践审视与理论溯源 [J].湖南师范大学（社会科学学报），2017，46（5）:76-83.

严格管控围填海的通知》则将滨海湿地界定为，近海生物重要栖息繁殖地和鸟类迁徙中转站（含沿海滩涂、河口、浅海、红树林、珊瑚礁等）。该界定中的河口与浅海不仅与前几个文件中的河流湿地和水域存在交叉关系，而且明确了红树林和珊瑚礁等植物资源也属于湿地，且与《海洋环境保护法》中的规定不一致。《中华人民共和国湿地保护法（草案）》对湿地概念的介绍采取列举加否定的立法思路。根据其第 4 条，湿地是指具有显著生态功能的自然湿地和具有重点保护野生动植物栖息、生长功能的人工湿地。水田和人工养殖水域、滩涂、江河、湖泊、海域等的湿地保护、利用及管理适用其他有关法律。该条从范围上基本厘清了法律的适用范围，但实际上并未合理界定自然湿地和人工湿地的内涵与外延。

总之，国家层面还有很多涉及湿地资源的规定，无论是对湿地整体的概念界定还是滨海湿地等具体湿地类型的定义，均存在范围与内涵的冲突，这是造成地方规定无所适从甚至界定不一的主要诱因。诸多概念内涵侧重于保护天然湿地，对人工湿地尤其是具有重要生态价值的人工湿地则很少谈及，限制了保护的全面性。

（二）地方湿地保护管理体制不健全

根据"三定方案"等要求，我国普遍实行县级以上林业部门综合协调，分部门实施的湿地管理体制，这是由于湿地涉及水、草、林木、野生动物等多个生态环境要素，是跨区域、跨部门的综合管理领域。[1]《全国湿地保护"十三五"实施规划》指出，我国已建立了以自然保护区为主体，湿地公园和自然保护区并存，其他保护形式互为补充的湿地保护体系。但目前的湿地管理体制在地方实践中还存在诸多问题。

首先，湿地保护管理机构的名称较为混乱、定位不明。湿地保护管理机构在地方立法中至少有三种名称：湿地保护机构、湿地保护管理机构及湿地管理机构。地方立法对于湿地保护管理机构如何设立、湿地保护管理机构的权限、湿地保护管理机构的职责等问题并未详细规定，少数立法仅规定了某一个或者某几个方面。究其原因在于，一方面，长期以来，国家层面缺乏对湿地保护管理机构名称及其具体职责的统一界定；另一方面，地方湿地保护主管部门对自身的角色功能定位不明，究竟是管理者还是以保护为导向的监管者始终认知不清。

其次，湿地保护管理机构及相关行政管理机构的关系混沌不清。从实践看，湿地污染问题很常见，这往往涉及与生态环境部门的职权关系，大多数地方立法对此予以回避。湿地含湖泊、沼泽、河流、人工湿地以及海岸与近海湿地等多种类型，不同类型的湿地关涉多个地区的多个部门，怎样确立湿地保护主管机构与协调机构，如何处理具体管理部门之间的职权交叉，鲜有体现在地方规定中。我国行政管理体制的交叉复杂导致了湿地多头管理问题，部门多从自己利益出发管理湿地，不可避免导致矛盾与湿地破坏。同时，各种生态要素被分割管理，湿地由不同的部门管理，受不同法律法规保护。尽管一些湿地区域成立了自然保护区，但因主管机关繁多，管理效率低下。[2]即便明确了湿地保护管理机构的

---

[1] 陈海嵩、梁金龙：《湿地保护地方立法若干重点问题探析》，载《地方立法研究》2017 年第 4 期。
[2] 李爱琴：《基于低碳经济背景的湿地立法研究》，载《学术交流》2015 年第 3 期。

职责，也仅限于大致职能范围的划定，比如《长春市波罗湖湿地保护若干规定》第5条界定了湿地保护管理机构对湿地的统一管理职责，包括落实法律、组织规划、实施计划、制定制度、调查与监测、组织科学研究、查处违法行为等，但究竟有什么具体职能权限依旧不清晰。以上现象源于长期以来湿地保护牵涉的机构过多、分工过细引起的职能协调困难，该情况随着地方环境资源管理大部制的改革正趋于好转。

最后，国家层面立法的冲突，造成地方湿地主管部门职能交叉。我国拥有大量的湿地自然保护区，或综合类自然保护区中的湿地资源，地方对保护区湿地资源的保护管理，多会涉及生态环境部门与林业部门的职权冲突。其根本原因在于，长期以来，《自然保护区条例》将自然保护区的主管或综合管理权授予县级以上环保部门，而《湿地保护管理规定》将县级以上林业部门作为湿地保护区等湿地资源的主管部门。此外，根据《国家湿地公园管理办法》第5条规定，国家湿地公园边界四至与自然保护区、森林公园等不得重叠或者交叉，但在实施层面却没有规定如何协调交叉问题。可见，国家层面有关湿地资源主管部门的规定冲突，直接造成地方规定的无所适从和混乱。

（三）湿地调查、监测、评估内容可操作性欠缺

湿地调查、监测、评估制度作为湿地保护管理的基础性制度，地位极为重要。现行地方性法规、规章中主要由林业部门负责基础制度的推行。但湿地调查、监测、评估的复杂性和综合性决定了无论是技术还是资金上林业部门均难以独立承担。诸多地方性法规、规章规定了发展改革、财政、国土资源、畜牧、水行政、气象等部门对湿地的协同管理，但管理的范围以及是否囊括对湿地的调查、监测、评估却处于空白。有些地区规定了多部门调查、监测、评估的体制，如《黑龙江省湿地保护条例》中林业部门是作为全省湿地工作的主管部门，发展和改革、财政、国土资源、公安、畜牧等也负有保护湿地的责任，但又规定了环境保护行政主管部门对湿地的环境保护负有监督责任。黑龙江省湿地的调查、监测、评估是由湿地管理机构负责的，由于将"湿地管理机构"理解为保护、管理湿地的所有行政主管部门，除了林业部门，发展和改革、财政、国土资源等也应负有调查、监测、评估的责任。但具体如何评估，各部门应如何协调，该条例并没有说明，也就是说，湿地调查、监测、评估协调配合机制与实施程序尚未得到细化。

以上问题既有地方立法技术与立法水平的因素，也与针对调查、监测、评估等技术性较强的内容一贯坚持宜粗不宜细的立法传统有关，更为重要的在于决策部门没有认识到调查、监测、评估制度在湿地管理中的基础性定位，由此导致技术类规范的可操作性欠缺及对具体内容的设置不重视。

（四）湿地修复制度尚未确立

湿地修复制度，是指对退化或消失湿地进行恢复或重建的湿地保护制度。近年来，我国虽然实施了退化湿地恢复工程，但迄今仍有一半以上湿地仍在持续退化，湿地保护问题十分突出。通过北大法宝检索，截至2018年年底，涉及湿地修复、恢复规定的地方专门立法仅有20余部，绝大多数规定只有一两个条款，仅有的条款表述为"湿地保护工作

应当遵循科学修复原则"，主要在东营、宁夏、咸阳、海南等地的湿地保护条例中作出了此规定；或在青岛等地立法中规定为"湿地修复经费列入同级财政预算"。目前，只有在2018年《安徽省湿地保护条例》等少数地方立法中较多涉及湿地修复内容。总体而言，湿地修复并未作为一项基本制度内容被纳入地方立法，2016年国办发布了《湿地保护修复制度方案》（以下简称《方案》），也并未引起地方制度实践的重视，在其实施后颁布的20余部地方性法规、规章中仅有极少数地区吸收了《方案》中的湿地修复要求。这一制度现状与我国湿地保护的紧迫要求及湿地修复制度的重要价值极不相称。

究其原因，一方面在于国家层面的部门局规章并未确立湿地修复制度应有的重要地位，依然对此予以回避；另一方面是各地仅仅把实施《方案》的规定当作贯彻上级政策指示予以落实，而未意识到其重要地位并上升到制度范畴通过地方立法得以巩固，这就可以解释虽然很多地方颁布了《湿地保护修复制度实施方案》，但鲜有在地方立法中规定湿地修复制度内容的尴尬境遇。可喜的是，《中华人民共和国湿地保护法（草案）》单独规定了"湿地修复"一章，期待其颁布后可以发挥规范引导作用。

（五）湿地保护利用的规定滞后

目前，地方性法规、规章中仍存在一些阻碍湿地保护的规定。《福建省沿海滩涂围垦办法》《浙江省滩涂围垦管理条例》《江苏省滩涂开发利用管理办法》等地方性法规、规章仍有鼓励破坏湿地的内容，而这些地方性法规、规章与保护湿地的地方性法规、规章的冲突尚未解决。譬如，《福建省沿海滩涂围垦办法》第3条规定，滩涂围垦实行"谁投资、谁受益"的原则。鼓励和支持国内外投资者以合资、合作、独资以及其他形式从事滩涂围垦。国家保护依法从事滩涂围垦的单位和个人的合法权益。第4条规定，滩涂围垦应当全面规划、统筹兼顾、因地制宜、择优开发、综合利用、讲求效益。第6条规定，对滩涂围垦成绩突出的单位和个人，县级以上人民政府给予表彰和奖励。显然，该办法与国家层面的湿地管理内容背道而驰，不仅违背保护优先的原则，甚至变相激励优先开发利用。

究其原因，其一，当前《土地管理法》第4条将土地分为农用地、建设用地和未利用地。我国的天然湿地在土地分类中多被列入"未利用"行列，滩涂、沼泽、湖泊、河道等大量天然湿地作为"未利用地""荒地"或者"劣地"被土地管理部门合法地批准给建设项目使用，导致地方鼓励开发利用甚至破坏湿地。

其二，鉴于历史上对湿地价值的重视不够，我国曾倡导过围湖造田、沼泽开垦、滩涂开发等多种破坏湿地的行为，而这种行为留下的"后遗症"之一就是对湿地具有破坏性的地方性法规、规章的存续。

三、长江天鹅洲故道湿地生物多样性现状分析

湿地是自然界中生物多样性最为丰富的生态系统，为多种动植物提供了栖息地，同时，也被誉为"物种基因库"。天鹅洲故道是长江现存的通江故道之一，具有优越的地理位置和独特的水陆地貌特征，同时，泛洪使该区域发育成典型的长江故道冲淤湿地。长江

天鹅洲故道湿地自然环境类型多样，存在水域、林地、洲滩、沼泽等多种生境，适宜生物生存，成为濒危物种迁地保护的理想场所。目前，长江天鹅洲故道湿地内建有白鳍豚国家级自然保护区（该保护区是世界上第一个对鲸类动物进行迁地保护的保护区）、麋鹿国家级自然保护区及长江"四大家鱼"种质资源库等水陆特色鲜明的生物多样性保护基地，对维护长江天鹅洲故道湿地生态系统平衡和生物多样性保护具有重要意义。

（一）天鹅洲故道湿地概况

长江天鹅洲故道湿地位于湖北省石首市，江汉平原南端，长江中游荆江段北岸（见图 5-1，29°46′71″~29°51′45″N，112°31′36″~112°36′90″E），总面积 70.81 km²，其中水域面积 20.00 km²，洲滩面积 19.14 km²。长江天鹅洲故道湿地平均海拔为 35.0m，属亚热带季风区，气候温暖湿润，年平均气温为 16.4℃，降水充足，年均降水量可达 1200mm 以上，受季节性降雨和长江水位影响，每年 6~9 月水位上涨。其中天鹅洲故道是在 1972 年经长江自然裁弯取直形成，故道呈马蹄形，全长 20.9km，宽 400~1500m，平均水深 4.5m，最深处可达 15~25m。

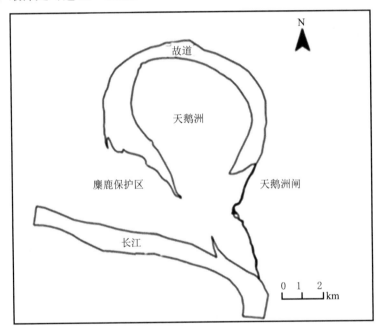

图 5-1　长江天鹅洲故道湿地

（二）湿地生物多样性

1. 植物物种多样性

（1）湿地植物

植物是湿地生态系统的重要组成部分，蕴藏着丰富的遗传资源，为动物提供了丰富的食物和栖息环境。1997 年本底调查中植物有 238 种，2005 年再次调查比较，植物种类为 256 种，主要植被群落为意杨林、旱柳灌林、狗牙根群落和芦苇＋荻群落。调查发现湿地内水生和湿生植物在多样性及生物量上均有明显减少，水生和湿生植物减少了 8 种，旱生、中生植物增加26种，尤其是不被麋鹿所采食的白茅居多且有明显扩散趋势，麋鹿可食用的植物种类多样性和生物量减少。

（2）浮游植物

浮游植物作为指示物种对水环境检测具有重要作用，是水生生态系统中不可缺少的部分，其生物量对水体渔产潜力有重要影响。黄丹等❶于2011—2012年对长江天鹅洲故道进行了5次采样，共发现浮游植物143种，隶属于7门77属，平均密度为5.6×10^7ind./L，平均生物量为7.2mg/L。2011—2012年浮游植物的组成与20世纪末相比有明显变化，浮游植物丰度和生物量均大幅提高，但物种数量有所减少。2011—2012年浮游植物种类组成，以绿藻门占比最高，蓝藻门和硅藻门次之。浮游植物丰度在20世纪末以硅藻、绿藻和隐藻为主，但在2011—2012年转变为蓝藻占优势，蓝藻的大量繁殖可制约水生生物的生长❷。目前，故道水体浮游植物优势种以蓝藻和绿藻为主，根据浮游植物水质评价标准及研究方法❸，其中多数种类为富营养水体指示种，这表明天鹅洲故道水质总体处于富营养状态。

2.动物物种多样性

（1）浮游动物

浮游动物作为反映水环境状况的重要指标，广泛应用于水环境评价和保护等方面的研究。淡水水体中鱼虾的饵料，其数量及组成和鱼类资源量息息相关，而鱼类作为江豚的饵料可以反映其生存状态。黄丹等❹于2011—2012年按季度对长江天鹅洲故道进行采样共发现浮游动物87种，其中原生动物22属38种，在总种类数中占比最高，达43.7%；其次为轮虫，25属36种，占总种类数的41.4%。浮游动物的平均生物量为3.6mg/L，其中，原生动物占比最高为31.9%，枝角类次之为28.1%。浮游动物的年平均密度为25711.9ind./L，原生动物占比最高达93.7%，其次为轮虫占5.6%。2011—2012年的浮游动物调查结果与20世纪末相比有显著变化，原生动物和轮虫的种类和密度占比均有明显增加，水质恶化和过度捕捞使浮游动物类群向小型化发展。目前，浮游动物的优势种以原生动物和轮虫为主，分别有7种和8种，其中多数种类属于富营养水体指示种，综合浮游动物的生物量和优势种对天鹅洲故道水体营养类型进行划分❺，这表明天鹅洲故道水质总体处于富营养状态。

（2）底栖生物

底栖动物是指示生态系统结构、功能及其健康状况的重要类群❻，是湖泊、河流等生态系统中不可缺少的成员，广泛应用于水环境监测中。马秀娟等❼2011年对长江天鹅洲

❶ 黄丹，李霄，望志方，等. 长江天鹅洲故道浮游植物群落结构及水质评价[J]. 水生态学杂志，2016，37（5）：8-14.
❷ 陈开宁，李文朝，吴庆龙，等. 滇池蓝藻对沉水植物生长的影响[J]. 湖泊科学，2003，15（4）：364-368.
❸ 章宗涉，黄祥飞. 淡水浮游生物研究方法[M]. 北京：科学出版社，1991：333-339.
❹ 黄丹，沈建忠，胡少迪，等. 长江天鹅洲故道浮游动物群落结构及水质评价[J]. 长江流域资源与环境，2014，23（3）：328-334.
❺ 韩德举，吴生桂，邹清，等. 陆水水库的浮游生物及营养类型[J]. 湖泊科学，1996，8（4）：351-358.
❻ 陈秀粉，夏炜，潘保柱，等. 长江中游宜昌至武汉段底栖动物群落结构特征研究[J]. 北京大学学报（自然科学版），2017，53（5）：973-981.
❼ 马秀娟，沈建忠，王腾，等. 天鹅洲故道底栖动物群落特征及水质生物学评价[J]. 环境科学，2014，35（10）：3952-3958.

故道进行了野外调查，共鉴定出底栖动物 30 种，以水生昆虫为主，数量达 14 种，寡毛类 8 种，软体动物 6 种，其他底栖动物有 2 种。2011 年天鹅洲故道底栖动物平均密度为 558.37ind./m²，水生昆虫对密度的贡献最大，占比达 68.40%；天鹅洲故道底栖动物平均生物量为 14.03g/m²，软体动物所占比例最高，占总生物量的 76.00%。故道底栖动物的主要优势种为菱附摇蚊、指突隐摇蚊、克拉泊水丝蚓和霍甫水丝蚓，这些种类均属于中—重污染指示种，表明水质较差。近年来，天鹅洲故道底栖动物种类组成均匀，密度总体呈下降趋势。

（3）鱼类

鱼类作为豚类的主要饵料，其资源的丰富度直接影响保护对象的生存质量。长江天鹅洲故道在历史上分布有鱼类共 9 目 18 科 77 种，其中鲤形目有 52 种，占总种类的 67.50%；其次为鲈形目，有 13 种，占 16.9%；其余各自仅 1~2 种[1]。董春燕等[2] 在 2017—2019 年进行 4 次调查共采集到鱼类 51 种，优势种主要为光泽黄颡鱼、银鮈等小型鱼类，这些鱼类均为适应静水或缓流生活的定居型种类。整体而言，鱼类资源正处于衰退中，天鹅洲故道渔获物总产量呈下降趋势，同时长江天鹅洲故道鱼类群落出现低值化和小型化趋势，长江江豚种群数量下降的主要原因之一是鱼类资源的减少，因此需要依据保护区不同水域采取针对性保护措施。

（4）鸟类

鸟类是自然生态系统中的重要组成部分，杨涛[3] 等于 2011—2015 年对长江天鹅洲湿地鸟类进行了调查，共观察到鸟类 16 目 51 科 215 种，其目数、科数和种数分别占湖北省已知鸟类数的 84%、67% 和 41%，占中国已知鸟类数的 59%、46% 和 15%，由此可见，长江天鹅洲湿地鸟类资源较丰富，包括东方白鹳、黑鹳和白琵鹭等国家重点保护鸟类 24 种，列入 IUGN 世界濒危动物红皮书名录的鸟类有 12 种。

（5）两栖爬行类

两栖爬行动物作为典型的湿地动物，在整个食物链和生态系统中具有重要作用，被认为是指示环境健康状况的重要类群，其数量也影响湿地生物多样性。长江天鹅洲湿地共有两栖动物 1 目 3 科 5 种，其目数、科数和种数分别占湖北省湿地已知两栖动物数的 50%、30% 和 7%，由此可见，长江天鹅洲湿地的两栖动物种类较少，可分为水栖型和陆栖型两个生态类群，其中水栖型动物包括湖北侧褶蛙、黑斑蛙和泽陆蛙，在长满芦苇的地带中，泽陆蛙的密度很大；陆栖型包括中华大蟾蜍和饰纹姬蛙，在潮湿环境中，蟾蜍的数量很多。天鹅洲湿地有爬行动物 2 目 6 科 12 种，其目数、科数和种数分别占湖北省湿地已知爬行动物数的 100%、67% 和 23%，由此可见，天鹅洲湿地爬行动物的种类数不多，其中 6 种是在水生或近水生活的种类，如中华鳖、乌龟、红点锦蛇、乌梢蛇、虎斑游蛇和滑鼠蛇。

[1] 刘建华, 张泽民, 陈昌湧. 长江天鹅洲通江故道水生和湿地生物多样性保护 []. 淡水渔业, 1996, 26（2）：31-32.
[2] 董春燕, 李君轶, 张辉, 等. 长江天鹅洲白鱀豚国家级自然保护区鱼类资源现状 [J]. 水生态学杂志, 2021, 42（3）：86-92.
[3] 杨涛, 张玉铭, 李鹏飞, 等. 湖北石首天鹅洲故道湿地鸟类多样性研究 [J]. 长江大学学报（自然科学版）, 2017, 14（6）：28-35.

（6）兽类

天鹅洲湿地共有兽类6目8科13种，其中重点保护动物有3种，分别为白鳍豚、长江江豚和麋鹿。天鹅洲故道是白鳍豚增殖养护的理想场所，人工饲养的最后一头白鳍豚"淇淇"于2002年7月14日逝世，自2006年11月以来，经过多次考察，未监测到白鳍豚踪迹。《生物学快报》在2007年正式宣布白鳍豚完全失去了在长江自然环境中生存繁衍的能力，已功能性灭绝。长江江豚是我国长江流域的特有物种，2021年2月5日，长江江豚由国家二级保护野生动物升为国家一级，长江江豚的种群状况和长江水生态系统的健康状况息息相关。20世纪90年代，5头长江江豚投放到天鹅洲故道，开始长江江豚的迁地保护，现在天鹅洲故道的江豚种群数量已超过80头，并以每年6~8头的速度增长，这是长江流域乃至全球针对鲸类动物的第一次迁地保护的成功范例，然而整个长江江豚的自然种群数量仍处于下降状态，其极度濒危的状况并没有改变，保护工作依然严峻。天鹅洲麋鹿国家级自然保护区，有世界上最大的麋鹿野生种群，目前麋鹿种群数量达1000多头，已实现自然放养状态。

（三）存在的问题

1. 故道水体呈现富营养化趋势

长江天鹅洲故道原是自然通江故道，1998年，沙滩子拦江大堤的修建造成故道和长江的阻隔，改变了长江天鹅洲故道的水文情势，导致故道湿地原有的水文周期性涨落规律、洲滩周期性显现与出没规律减弱或丧失，降低了故道与长江之间的水体流动性，使故道水体中的有机质和营养元素得不到充分稀释，综合已有的研究资料，表明水体富营养化加剧。总氮含量高，水体总体上处于Ⅲ~Ⅳ类，结合总磷含量水体处于Ⅱ~Ⅲ类，研究结果均表明天鹅洲水体处于中至富营养水平。

2. 洲滩旱化加剧，漫滩湿地面积不断萎缩

沙滩子拦江大堤的修建改变了长江天鹅洲故道湿地的水文特征，故道水位年涨幅变小，湿地植被出现明显旱化，水生和湿生植物减少了8种，旱生及中生植物增加26种，汛期漫滩湿地面积不断萎缩，加速了旱化演替过程。此外，天鹅洲故道洲滩湿地的林地面积增长较快，草地面积下降，区域内增加的林地主要是意杨林，造林面积最多时达500hm^2，有"湿地抽水机"之称的意杨林是一种吸水性极强的速生经济树种，而迅速扩张的意杨林加速了漫滩湿地的旱化，加之水源补给不足，原有的湿生植被处于劣势并逐渐退化，逐渐演替为麋鹿不喜采食的中旱生植物，洲滩生境多样性明显降低，进而危及故道湿地生物多样性及整个生态系统的健康。

（四）生物多样性相关法律制度不完善

我国已颁布了一系列有关生物多样性保护的法律法规，对规范野生动植物保护和打击伤害野生动植物及破坏其生境的违法行为起到了一定的作用，但相关法律法规还存在诸多不足，无法满足当前生物多样性保护形势的发展需要，需要尽快修改完善。

（五）生物多样性本底状况了解不足

长江天鹅洲故道湿地目前尚未建立和完善统一的生物多样性保护监测网络，也未开展过综合性的生物多样性本底调查，现有的生物多样性信息主要来源于白鳍豚和麋鹿保护区的调查报告及零散文献。长江天鹅洲故道湿地的本底资源调查严重滞后，生物数据缺乏连续性且不够详尽，浮游植物、浮游动物和底栖动物等数据近几年都是空白。由于本底资料的缺乏，无法及时掌握故道湿地的动态变化和预测发展趋势，制约了对该地区生物多样性状况的全面评估，也限制了保护规划的科学性和保护工作的有效性。

（六）科研基础比较薄弱、经费不足、人才缺乏

目前，针对长江天鹅洲故道湿地生物及环境保护工作，只有少部分科研管理机构和高校开展了相关研究，但未真正建立起完整和系统的科学研究体系。在科研基础方面，科研机构的资金和基础设施投入仍不足，难以满足生物研究和繁育技术发展的需要。同时在人才队伍建设方面，依然存在科研人才相对匮乏、高层次人才不足和基层管理人才少等问题。

第二节　湿地资源的不合理利用

因过度从湿地取水或开采地下水，西北、华北部分地区湿地水文受到威胁。西北地区如塔里木河、黑河等重要的内流河，由于水资源的不合理利用，导致下游缺水，大量植被死亡，沙进人退。

一、水土流失严重

我国国土广阔，水土流失范围大，土壤侵蚀程度大，区域化严重，原因复杂。水土流失不仅发生在众多山村，也波及了许多城市。目前，我国水土流失面积已超过 350 万 hm²，占我国国土总面积的 30% 以上，可见其流失范围之广；据统计，我国年均土壤侵蚀量高达 50 亿吨，占全球土壤侵蚀总量的 1/5，可见其侵蚀程度之大，区域化严重；我国土壤荒漠化的面积已经超过了 260 万 km²，平均每年以 6 万 km² 的速度增长。过度地开发湿地资源，砍伐湿地植被，开垦耕地，导致水土流失严重，大量的泥沙汇入河道，抬高河床，使湖泊和水库淤积，环境恶化，严重影响了湿地生态系统的正常运作，导致湿地面积减少，生态功能被破坏。

（一）水土流失恶化水环境减少可持续利用的水资源

1. 涵养水源功能变差

在水资源循环过程中，通过蒸发作用与植物的蒸腾作用使水分转化为气态水而进入大气，风推动大气中的水蒸气移动和分布，并以降水形式回落到海洋和大陆。大陆上的水暂时储存于土壤、湖泊、河流和冰川中，或者通过蒸发、蒸腾进入大气，或以液态经过河流

和地下水最后返回海洋。在水资源周而复始的循环中人类得以生存，降水与蒸发的差量便是农业生产和人类日常生活用水的来源。

水土流失以水循环过程中陆地液态水与海洋的位能差为动力干扰水分循环的自然机制，造成利用水资源严重短缺。地表水、土壤水和部分地下水都是以土壤为载体附着在土壤上，水土是不可分的，土地资源的良好状况是水资源存在的保证。土壤孔隙抗重力所蓄积的水称为土壤的田间持水量，是土壤储水能力的上限，田间持水量的大小取决于土壤的质地与结构。水土流失使得土层变薄、土壤结构发生改变、土壤持水量降低，同时又为新的加速状态的水土流失创造了更为适宜的条件，引发新的水土流失，形成恶性循环。最终，水土流失导致水土流失的发源地区域涵养水源功能变差，使得降雨作用下区域坡面径流增加，加剧旱涝灾害，容易诱发洪涝灾害。

2. 大量泥沙进入江河湖库

水土流失作为原动力携带大量土壤泥沙进入江河水系，淤积在下游河床和水库库底，对下游造成严重的危害：水系河道淤堵、河床抬高，泄洪能力大打折扣，"地上悬河"现象日趋普遍，已经不再为黄河所专有，严重威胁河流两岸的居民生产、生活安全；河流泥沙含量过高，综合利用功能降低，水土流失引起的泥沙下泄，淤积湖库使得水利工程设施的调洪蓄水、灌溉、发电等功能不能有效发挥甚至失效，对国民经济造成巨大的损失；水土流失引发的面源污染使得大量的农药、化肥进入水系，导致水质严重恶化。由于我国绝大多数水源在山区和水土流失区，水土流失作为载体在输送大量泥沙的同时，也输送了大量化肥、农药和生活垃圾。

（二）水土流失蚕食土地资源

1. 导致可利用土地资源急剧减少

水土流失最为直接的危害就是将土地资源的表层土壤层层剥蚀和冲蚀，使有限的土地资源遭到严重破坏，土层变薄，使土地资源的农业或非农业利用价值降低甚至无法利用，造成可利用的土地资源急剧减少。由于土壤的侵蚀，导致土地沙化、荒漠化、石漠化的面积增加，农业可利用价值降低。

2. 耕地数量和质量双重下滑

耕地是土地资源的精华，耕地土壤是地球表面具有一定肥力且能生长植物的疏松层，是在岩石的风化作用和生物分解等综合作用下经过漫长的演化过程形成的。水土流失导致土地生产力严重衰退，沟壑密布，地形支离破碎，耕地因此大量减少。同时，水土流失导致土壤肥力严重流失，耕地质量下滑。土壤中含有大量 N、P、K 等营养物质，由于水土流失，尤其是表土的流失，致使表层土壤变薄、保水能力减弱、肥力下降，最终导致耕地生产力下降。严重的水土流失不仅使土壤肥力不断下降，而且导致我国化肥用量逐年升高，土壤肥力越来越低，从而形成恶性循环。在水土流失的作用下，土层变薄、土壤结构和理化性质发生变异，土壤调蓄水分功能变差，耕地产出率对于气候的干旱和降雨强度变得敏感，对于不良气候的抗逆能力减弱，很容易造成减产。

3. 土地资源的人口承载力下降

根据中国科学院自然资源综合考察委员会关于土地资源人口承载力的定义：在一定生产条件下和一定生活水平下土地资源的生产力所能承载的人口限度。土地生产力越高，土地资源的人口承载力就越大，而生产条件是决定土地生产力的关键因素。水土流失导致土地资源中含养分最丰富、肥力最高的表土层流失，土地肥力降低导致土地资源的生产力以及潜在生产力降低，使得土地的生物产出量降低。当土地生产条件和消费水平不变时，土地资源能供消费的人口数量必然降低，即土地资源的人口承载力下降。在气候条件和社会经济水平变动不大时，必然引起土地超负荷，掠夺式地使用土地，使土地肥力进一步下降，再生资源活力持续减弱，生态环境继续恶化，最终陷入恶性循环。

（三）水土流失毁坏和减少生物资源

1. 生态环境呈现退化

生态环境破坏造成生物栖息地和生态系统多样性的退化。生态环境破坏甚至丧失使生物栖息地缩小或荡然无存，这直接引发生物种的种类和数量的减少，致使生物多样性大幅度下降。严重的水土流失导致生态环境恶化，使适宜野生物种栖息地急剧减少，野生物种分布范围日益缩小。我国除东北和西南少部分地区尚保存有较大面积的原始天然林外，其他地区已基本不存在。分布在农区的野生物种的生态空间越来越窄，由普遍性生态环境演变为残存"岛状"的生态环境，这给野生物种的繁衍带来很大难度。如果水土流失继续加剧，则会加速物种濒危或灭绝。

2. 生物群落逆序演替

生物群落的演替又叫生态演替，它是指随着时间的变化，群落有序发展的过程，演替也可以说是在同一地表上的同一地段，依照一定顺序分布各种不同植物群落的时间过程。任何一类演替都要经过迁移、定居、群聚、竞争、反映及稳定六个阶段。到达稳定阶段的植被格局是与当地气候等生态因子相适应的，这是演替的终点，称为演替的顶级。在自然状态下，群落有一系列的顺行发展过程，如群落的生物多样性、生物生产力、群落的高度、土壤的肥力等增加，并且群落的结构趋于复杂化，最后形成一种稳定的群落。但是，水土流失作为外界环境中一种重要干扰，可导致群落逆向演替，即生物群落的退化。逆向演替造成系统中生物多样性减少、群落结构简单化、生物生产力降低、土壤有机质含量减少等退化过程。例如，水土流失引发的草地退化、沙化过程。

3. 生物多样性锐减

生物多样性系指某一区域内遗传基因的品系、物种和生态系统多样性的总和。水土流失在由环境污染引致生物多样性剧减过程的作用是非常显著的。随着人口压力的增加和经济的发展，我国化肥的使用量与日俱增。在水土流失严重区域，水土流失作为载体在输送大量泥沙的同时，也裹挟大量化肥、农药以及生活垃圾进入江河湖库，使得地下水遭受严重污染，江河、湖泊和海岸生态系统富营养化，生态系统中的动植物区系因而发生变化。生物多样性锐减的后果是灾难性的。生物多样性的破坏，特别是生物的食物链和食物网的断裂和简化，致使生物圈内食物链遭到破坏，引起人类生存基础的坍塌，严重威胁人类的生存和发展。资料显示，由于草场退化、草地生物多样性的平衡被破坏，我国蝗灾呈现暴发频次增高、范围扩大、持续危害时间长的特征。

二、地下水的过度开采与污染

随着我国社会经济的快速发展，工业、农业对水资源的需求量不断增加，拥有水质优势的地下水成为主要的开发对象。广义的地下水是指存在于地下岩石孔隙中的水，狭义的地下水是指地下饱和含水层中的水。地下水有来源稳定、水质标准高等优点，可以用来农业灌溉、发展工业等。但是地下水的开采情况因为地下水污染问题变得不容乐观，地下水的水质从成因上分为原生水质和人为水质，其中人为水质是由于人类活动而导致大面积地下水出现不同程度的污染，使得可开采地下水资源量严重匮乏。

（一）地下水的过度开采

地下水被过度开采时，开采中心抽取大量的地下水，导致附近地区的地下水流向开采中心形成一个漏斗形状的空区，地区地表下方形成空洞，存在路面坍塌、建筑倒塌的风险因素。而毗邻海洋的城市，地下水过度开采，导致出现海水填充地下水漏斗区现象，直接对当地的农业产量造成毁灭性减少，地区民众用水困难现状在短时间内难以改变，既降低了可利用的淡水资源量，又加重了地区水质的盐碱化。地下水充足时水位较高，之前土壤和地下水中随毛管水而留存在地表的盐分浓度将逐渐增加，在季节性的地温梯度下，水分从地下向冰冻层面转移，盐分随之上移。随着地下水的开采，土壤浅层地下水消耗殆尽，地下水水位下降导致地表盐分积累造成土壤盐碱化；地下水水位下降至地表根部足够距离时，地区植被无法汲取水分，造成地表植物死亡消失、土地养分流失，逐渐形成土壤沙化。地下水在渗流过程中会产生动水压力，当这个压力小于土壤颗粒的最小有效重度时，土颗粒会随着渗流过程从大颗粒缝隙中流走，长此以往，土壤的稳固性遭到破坏，已修建好的建筑物的地基稳定性也遭到破坏。

许烨霜等[1]学者认为地下水过度开采是地面发生坍塌、沉降现象的主要原因，并将目前用来预测沉降的方法大体分为五类，对其总结后明确了优劣势，提出水流模型和沉降模型完全耦合将成为未来预测技术的关键点。学者刘博洋[2]通过研究区域的各项水文资料分析了研究地区的地下水情况以及地下漏斗等，采用软件建模的模式，模拟出了不同的地下水开采程度和条件对应的不同的地下水水位，同时该文章介绍了关于地下水的水资源回填的量与水位关系，以及对整个环节将会发生的问题给出了措施。张兵等[3]研究人员利用同位素标记法发现研究地区的水资源转换的程度，为地下水填充水资源提供了理论依据，部分地区可以通过减少施工量达到地下水回灌的目的，从而保证地下水的可持续发展。

[1] 许烨霜，余恕国，沈水龙. 地下水开采引起地面沉降预测方法的现状与未来 [J]. 防灾减灾工程学报，2006，26（3）：352-357.
[2] 刘博洋. 地下水开采及人工回灌对地下水响应关系的研究 [D]. 西安：长安大学，2016.
[3] 张兵，宋献方，张应华，等. 第二松花江流域地表水与地下水相互关系 [J]. 水科学进展，2014，25（3）：336-347.

（二）地下水的污染

地下水污染是指由于人类的活动导致的地下水物理、化学特性和成分发生改变，使得地下水水质发生改变的情况。

在经济发展的同时，城市工业化和农业增产的进程对地下水造成了难以恢复的影响。工业、农业以及生活中的废水废物含有大量的重金属、有机物、细菌等，无论是直接排放至地下水的污染物，还是由地表污染下渗至地下水的污染物，由于地下地形复杂、含水层中的污染转移较慢等原因，引发发现晚、污染重的问题。因难以在短期内恢复和清理，将会对水体产生长期影响。我国一些地区地下水中含有砷、氟、碘等化合物，导致饮用水不达标，出现了一些皮肤病、地氟病等病症。

在工业"三废"排放逐渐要求严格、农业耕地面积减少但需求产量增高的背景下，我国地下水污染情况逐渐出现了由点到面、由工业城镇转移至农业的新情况。张新钰等 ❶ 研究人员较为全面地阐述了我国地下水现状，介绍了地下水所受污染的污染物来源以及其对应的解决方法和技术，我国关于地下水污染研究虽然取得了一定的成绩，但相对于国外仍有进步的空间。刘博等 ❷ 学者采用了因子分析法对吉林市的地下水水质情况做出了分析，运用监测井的数据作为基础再结合公共污染因子，对城市内的不同地区给出了不同污染程度的结果，研究结果表明，城市地下水中含有的大量化学物质主要是由工厂、生活废弃物和农药的过度使用造成的，城区附近的地下水出现了大面积非饮用区的污染现状。孙才志等 ❸ 研究人员借助 ARCGIS 等制图软件和空间结合，对研究地区的地下水特点进行了研究，研究表明不同时期的地下水脆弱性和结构、随机影响原因的相关性在逐渐提高。滕彦国等 ❹ 学者从地下水污染风险评价方面将地下水划分为多层次，对于不同的区域层次大小采取不同的评价方法，对于研究地区的地下水情况给出风险评估，能够消除由于污染地转移产生的影响和及时采取污染治理措施。

第三节　湿地水资源缺乏

近年来，近岸海域水体污染严重，总体呈继续恶化趋势，因水质污染和过度捕捞，近海生物资源量下降，近海海水养殖自身污染日趋严重。其中，尤以无机氮和无机磷营养盐污染最为严重，超标面很广，局部海域油类污染也较为严重，不仅破坏了海滨景观，也直接造成了生物多样性丧失。稻田等人工湿地由于大量使用化肥、农药、除草剂等化学产品，已成为湿地的面污染源，进而影响了内陆和沿海的水体质量。

❶ 张新钰，辛宝东，王晓红，等. 我国地下水污染研究进展 [J]. 地球与环境，2011，39（3）：415-422.
❷ 刘博，肖长来，梁秀娟，等. 吉林市城区浅层地下水污染源识别及空间分布 [J]. 中国环境科学，2015，35（2）：457-464.
❸ 孙才志，吴旭，董璐. 基于 ARCGIS 的下辽河平原地下水脆弱性评价及空间结构分析 [J]. 生态学报，2015，35（20）：6635-6646.
❹ 滕彦国，左锐，苏小四，等. 区域地下水环境风险评价技术方法 [J]. 环境科学研究，2014，27（12）：1532-1539.

一、湿地污染严重

湿地退化的重要标志是湿地污染，这是我国湿地面临的最严重威胁之一。其污染过程是由"点"到"线"，再到"面"，最终到"体"的过程，即废水进入河流中形成"点"污染，河流自然地流淌形成"线"污染，河流流入湿地扩散成"面"污染，湿地里再通过一系列活动（向上蒸发污染空气、向下渗透污染土壤）形成"体"污染。我国大多数湿地都受到了不同程度的污染破坏。

湿地在全球碳循环中发挥着重要作用。由于其特殊的生态特性，湿地在植物生长、促淤造陆等生态过程中积累了大量的无机碳和有机碳。在湿地环境中，微生物活动弱，土壤吸收和释放 CO_2 十分缓慢，形成了富含有机质的湿地土壤和泥炭层，起到了固定碳的作用。湿地是全球最大的碳库，全球所有湿地面积之和仅占地球陆地面积的 6%，但它却拥有陆地生物圈碳素的 35%，碳总量约 770 亿 t，超过农业生态系统（150 亿 t）、温带森林（159 亿 t）和热带雨林（428 亿 t）。温带和热带泥炭是碳储量最高的湿地，其储存的碳总量约为 540 亿 t，占全部湿地碳储量的 70% 左右。例如，若尔盖泥炭的总面积为 4900km²，泥炭深度为 0.3～8.8m，泥炭总量在 10 亿～40 亿 t。此外，沿海湿地和红树林也被认为是碳吸收最重要的海洋生态系统，单位面积的红树林沼泽湿地固定的碳是热带雨林的 10 倍。

如果温度升高、降雨减少或土地管理措施不当引起湿地土壤变化，湿地固定碳的功能将大大减弱或消失，湿地将由"碳汇"变成"碳源"。湿地中有机残体的分解过程产生大量的有机气体，其中最重要的是温室气体 CO_2 和 CH_4。这些温室气体源源不断地释放，绝大多数直接进入大气中。全球天然湿地每年释放的 CH_4 为 10 亿～20 亿 t，全球水田每年 CH_4 的释放量为 2 亿～15 亿 t，它们分别占全球总释放量的 22% 和 11%。从全球角度看，如果沼泽全部排干，则碳的释放量相当于目前森林砍伐和化石燃料燃烧排放碳量的 35%～50%。大气中 CO_2 和 CH_4 等温室气体积累会加强温室效应的影响而使地球表面温度逐年上升，从而对全球气候产生重大影响。早在 20 世纪 50 年代就有科学家指出，如果大气中的 CO_2 浓度增加 1 倍，地球表面温度将增加 2℃。自 20 世纪以来，地球平均温度比 19 世纪升高了 0.4～0.8℃；海平面已上升 15～50cm，其中湿地遭到破坏是全球变暖的影响因素之一。保护和恢复湿地，减少温室气体的排放，增加湿地对温室气体的吸收和储存，是减缓气候变化的一项重要措施。

湿地对调节区域气候有较大的影响，《湿地公约》和《联合国气候变化框架公约》均特别强调了湿地对调节区域气候的重要作用。湿地的水分蒸发和植被叶面的水分蒸腾，使得湿地和大气之间不断地进行能量和物质交换，从而保持当地的湿度和降水量。在有森林的湿地中，大量的降水通过树木被蒸发和转移，返回到大气中，然后又以雨的形式降到周围地区。附近有沼泽湿地的区域产生的晨雾可减少土壤水分的丧失。湿地在增加局部地区空气湿度、削弱风速、缩小昼夜温差、降低大气含尘量等气候调节方面都具有显著作用。据测定，地处半干旱地区的新疆博斯腾湖湿地周围比远离湿地的地域气温低 3℃，湿度高 14%，沙尘暴天数减少 25%。对于城市而言，由于城市热岛效应明显，城市内部湿地对于调节城市小区域气候的作用尤为显著。

在湿地影响气候变化的同时，气候变化对湿地也产生了重大影响。主要包括：水循环变化对内陆湿地的影响；海水温度升高、海平面上升对沿海湿地和珊瑚礁的影响以及其他气候变化对与湿地相关的农业生产的影响，同时包括由于气候变化影响人类活动进而间接影响湿地。许多湿地类型是全球气候变暖的指示器，如红树林、珊瑚礁、泥炭层湿地等。

温度、降水量和蒸发量变化对河流和湖泊等内陆湿地的流量和水位变化产生重大影响。干旱和半干旱地区的河流和湖泊湿地对降水变化尤其敏感，降水变化可以大大改变湿地面积。例如，由于喜马拉雅山脉冰川的融化，在亚洲半干旱地区，永久性的河流夏季将出现短期到中期的流量增加；因为冰川的消失，随后流量将会减少。另外，温度的升高可能导致湖泊水质下降，也可能促进外来物种，如风信子、鼠尾草的入侵和蔓延。其他内陆湿地也将受到气候变化的影响。中高纬度地区大量冻土层的减少，会导致该地区泥炭地的减少，从而造成大量的 CO_2 和 CH_4 不断释放到大气中。同样，蒸发量的增加和降水量的减少也对热带泥炭地产生不利影响。

全球气候变暖导致海水温度升高、海平面上升及风暴活动频繁，进而对沿海湿地产生重大影响。海平面上升会导致许多河口、海岸滩涂、红树林等湿地淹没。海水温度上升导致地表寒带的泥炭冻土融化，加速分解消失，又进一步加速了全球变暖的进程。全球气候变暖导致地表—大气的水平衡失调，许多珍稀濒危动植物将会灭绝，生物多样性也会减少。世界许多三角洲是迁徙涉禽的重要停歇地，海平面上升和其他与气候相关因素引起湿地的变化会威胁水鸟和其他野生动物的存在。湿地生物珊瑚礁对温度变化非常敏感，水温短期上升 1-2℃，就可以使珊瑚礁"褪色"；当温度持续升高 3~4℃，就可造成珊瑚人面积死亡。海水温度的升高和 CO_2 浓度的增加会威胁珊瑚礁的存在。据估计，由于全球变暖全世界的珊瑚礁现在减少了27%。如果全球持续变暖，到2030年60%的珊瑚礁将消失。

湿地植物水稻是人类的主要食物，是世界上最重要的农作物之一。在亚洲的热带地区，微小的升温就会对水稻产生不利影响。水稻面积的变化又相应地改变 CH_4 的释放，这对水稻的生长产生重要影响。气候变化改变人类活动，从而对湿地产生了间接影响。由于气候变化影响地区，特别是干旱和半干旱地区的水循环，降水减弱，干旱发生的频率与持续的时间增加。人类对干旱的应对通常是加大对淡水的利用，以满足城市与农业用水。这将导致河流流量的减少，湖泊的消失，以及水位更大幅度的波动，从而导致湿地功能的下降和退化，进一步加大对湿地的压力。

二、海岸侵蚀严重

海岸侵蚀是指海岸受到海浪的冲蚀作用和海水的溶蚀作用而产生的侵蚀现象。主要表现为海岸线后退及海滩侵蚀。随着全球气候变暖引起的海平面上升以及人类活动，海岸侵蚀已成为我国滨海湿地的主要问题。海岸侵蚀导致我国大片滩涂湿地流失，沿海公路、农田遭到破坏。这一系列的危害以及海洋开发战略的实施，导致我国对海岸侵蚀的研究越来越重视。我国约有 1.8 万 km 的海岸线，海洋在沿海地区起着复杂的作用，区域差异明显。我国超过 70% 的砂质海岸线、超过 90% 的淤泥质岸线都存在海岸侵蚀现象，被侵蚀海岸的类型具有多样性和侵蚀强度的日趋严重性等特点。我国海岸线自南到北依次是海南、广西、广东、福建厦门、上海、浙江杭州湾、江苏、山东胶州湾、河北秦皇岛、天津、辽宁辽西海岸及其他海岸线，几乎全国各个沿海省份的海岸均受到不同程度的海岸侵蚀。海岸侵蚀容易导致沿海地区土地的盐碱化，破坏沿海生态系统，并降低海岸自身的防护能力，从而造成滨海湿地的生态环境破坏、生物多样性降低，导致湿地严重退化。

（一）过度捕捞

现代科学技术提高了生产力，在经济利益的驱动下，部分人利用各种先进方法对海洋经济物种进行疯狂捕捞。渔民经常使用精密渔网和非法捕鱼手段，如炸鱼、电鱼等进行捕捞，造成一些仔鱼、幼鱼难逃厄运，一些鱼类出现衰退甚至处于濒临灭绝的险境，如我国大、小黄鱼等经济鱼类资源已全面衰退，舟山海域很难形成渔汛。

（二）海水养殖业的不合理发展

海水养殖业的发展带动经济效益的同时，也对养殖区生态环境造成影响。不合理的海水养殖容易造成海水富营养化，严重破坏海洋生态环境。

（三）海洋污染

我国每年废水排放量达亿吨，且大部分未经处理，近海海域及河流，如渤海、黄海及海河、黄河、淮河等污染严重，水质下降，水生生物受到损害。此外，石油的危害也很大，从开发到使用过程中可能由于平台坍塌、油轮泄漏、搁浅、碰撞、遭遇风暴等原因进入海洋，并在海水表面形成油膜，减弱太阳光辐射透水的能力，影响海洋浮游植物的光合作用。石油污染物还会干扰海洋生物的摄食、繁殖、生长，使生物分布发生变化，改变群落和种类组成；大规模的石油污染事件会引起大面积海域严重缺氧，使生物濒临死亡的边缘。

1. 海水富营养化

海水富营养化指的是海洋水体中 N、P 等营养盐含量过多而引起的水质污染现象。其实质是由于营养盐的输入输出失去平衡性，从而导致水生生态系统物种分布失衡，物种疯长，影响了系统的物质与能量流动，使整个海洋水体生态系统遭到破坏。

2. 海洋石油泄漏

海洋石油泄漏是指石油及其产品在开采、炼制、贮运和使用过程中进入海洋环境而造成的污染。石油污染会破坏海滨景观和浴场。海面上的油膜能阻碍大气与海水之间的气体交换，影响海洋植物的光合作用。海兽的皮毛和海鸟羽毛被石油玷污后，就会失去保温、游泳或飞翔能力。

石油污染物还会干扰海洋生物的摄食、繁殖和生长发育，改变鱼类的洄游路线，玷污渔具和渔获物，使海产品带有石油味而不能食用。

3.海洋白色污染

海洋白色污染成为一大污染因素。目前，每年有1300万t塑料流入海洋，造成10万只海洋生物死亡及其他破坏。这些塑料最终会成为塑料微粒，被鱼类和其他海洋野生生物吞食后，迅速进入全球食物链。除了塑料外，海洋还面临着有毒有害化学物质污染。

4.海洋抗生素污染

水环境中残留抗生素的存在开始受到人们的广泛关注。海洋作为陆源污染物的汇，接收来自污水直接排放、地表径流输入的抗生素。

进入海洋环境的抗生素，其中相当一部分仍具有生物活性，可以通过生物富集作用对水生生物造成潜在危害，并对人体造成饮食暴露风险。

（四）海岸湿地围垦

侵占海岸带湿地进行工业区、港口、海防路等建设，不仅破坏了浮游生物的生存环境，而且破坏了底栖生物生活的温床，造成生物的死亡、迁移，生物种类和数量大大减少，给周围海域的生物资源造成长期影响。红树林、珊瑚礁生态系统被破坏，进而导致防浪护堤的天然屏障遭到破坏，直接给沿海居民带来财产和生命损失。另外，许多地方的围垦由于没有经过科学论证，出现水源不足、含盐量高等一系列问题，使围垦之后的土地无法利用，不仅造成围垦时人力物力的浪费，还导致生态环境受到严重破坏，甚至无法恢复。

三、城市湿地景观的绿色生态危机

城市湿地景观绿化建设不仅要具有一定的特色，还要充分与生态建设和可持续发展理念相结合，才能更好地发挥城市湿地景观绿化建设中植物的生态效益。

（一）城市湿地的概念

在社会快速发展过程中，人民群众的生活质量不断提高，城市湿地景观绿化可以更好地改变当前城市内涝和环境恶化等问题。陆地和水域全年或者间歇被水淹没的土地叫作湿地，湿地也是一种复杂的生态系统。各个城市在发展过程中，都会存在一些具有水陆过渡性质的生态系统，这些生态系统主要指的是，各个城市的自然和人工池塘或者浅水湖沼等。城市包含的各项生态系统都可以成为城市湿地。加强湿地景观绿化建设至关重要，一个城市的可持续发展程度，可以通过湿地景观绿化和环境建设彰显出来。

（二）城市湿地景观绿化建设应遵循的原则

在城市湿地景观绿化建设过程中，充分坚持湿地生态系统的连续性和完整性原则，以长远的眼光规划湿地景观绿化建设，不仅要保障湿地的透水性和畅通性，还要遵循可持续发展理念，防止湿地生态环境退化等问题的出现。

城市湿地景观绿化建设还应坚持生物多样性原则，有效保障湿地生物、水体之间的相互平衡和稳定，为生物多样性的发展提供更广阔的空间环境。

在开发和利用城市湿地自然资源过程中，严格遵守开发的科学性和规范性，避免盲目追求利益而出现危害湿地环境问题，有效利用湿地自然资源中的动植物，如莲、藕、鱼虾和藻类，充分将这些自然资源与城市湿地景观绿化相融合，不断发挥湿地自然资源的作用和优势，进一步通过湿地动植物，提高实地景观绿化的观赏价值。湿地景观绿化建设中有许多环境条件和景观可以开发成适合人类旅游和休闲的场所，比如，滨海的沙滩和海水等旅游资源，不仅有利于突出城市湿地景观绿化建设的特点和特色，而且可以更好地吸引旅游者，进一步推动城市湿地景观绿化建设的有效和合理发展。

（三）城市湿地景观绿化现状

1. 城市绿化建设水平不高

当前很多城市受环境和地理位置因素的影响，湿地缺乏流动性，生态性也相对较弱，在城市湿地景观绿化建设过程中具有一定的施工难度，造成城市绿化建设水平不高。

在城市快速扩张和发展过程中，城市湿地的生态环境也遭到不同程度的破坏，生活污水随意排放和工农业生产所造成的环境问题日益加剧，不仅对河流湿地原有的生态环境产生影响，也会使城市湿地的功能大大降低，难以更好地保护湿地现有的动植物，进而阻碍和干扰城市湿地景观绿化建设。

部分城市湿地受环境因素的影响，泥沙含量增加，严重影响湿地中的水源质量。城市湿地景观绿化过程中存在的湿地面积逐渐减少的问题，降低了城市实际的生态服务功能，难以更好地呈现出湿地景观生态的连续性和完整性，最终影响城市湿地景观绿化建设。

2. 施工人员观念有待提升

当前城市湿地景观绿化建设过程中，依然存在施工人员观念有待提升的问题，很多施工人员缺乏相应的新理念和新观念，常出现施工过程与设计图纸和理念不符合现象，未有效遵循可持续发展理念。过于重视绿地覆盖率等规范指标，缺乏考虑城市的可持续发展和生物多样性，造成城市实际景观绿化建设难以符合生态系统的功能和未来发展。此外，由于缺乏对人力、物力和财力等方面的监管，城市湿地景观绿化建设过程中出现浪费大、质量差等问题，不仅影响了城市湿地景观绿化建设的水平和效率，而且使城市湿地景观绿化建设缺乏观赏性和艺术性等，造成城市湿地景观绿化建设难以达成预期目标。

3. 实践与生态学理念相分离

当前城市湿地景观绿化建设过程中，依然存在实践与生态学理念相分离的问题，其主要原因是部分城市在土地开发和建设过程中，占用一定的水面，使湿地景观生态格局完整性遭到破坏，难以更好地发挥出湿地自然资源的作用和优势。另外，建设城市湿地景观绿化时，经常出现湿地生态环境被高度人工化的问题，使湿地中的生态环境遭到破坏，大大降低了湿地生态环境的亲水性，影响湿地景观绿化建设中的透水性和有机的良性循环，制约和阻碍了城市湿地景观绿化建设的可持续发展。生态系统的动态不平衡也是城市湿地景观绿化建设中的常见问题，其主要原因是城市湿地景观绿化建设过于注重景观效果和绿地覆盖面积，忽视可持续发展理念和生态效应与城市湿地景观绿化建设相结合，这种实践与生态学理念相分离的现象，会对湿地环境造成各种危害，难以使湿地景观绿化建设实现

"城市之肾"的目标。

第四节　湿地结构改变导致功能丧失

我国已有 5%~20% 的动植物种类受到威胁，长江中下游湿地区域内的洞庭湖湿地因围垦和过度捕捞，天然鱼产量持续下降，洪湖湿地鱼类从 40 年前的 100 余种降为现在的 50 余种。地处青藏高原湿地区域内的青海湖是我国最大的半咸水湖，人类活动逐步引起水体生态环境的恶化，导致鱼类资源锐减，从而影响鸟类和兽类的食物来源，同时，对湿地内的鸟类进行过度猎捕，特别在迁徙季节进行猎取，导致水禽种群数量大大减少。另外，对湿地的保护管理远远跟不上，管理较为粗放，管理机构不健全，法治体系不完善，缺乏管理协调机制，管理水平落后。公众湿地保护意识还较为淡薄，湿地保护经费短缺，监测网络、监督体系、评价制度也不尽完善，严重制约了我国湿地保护事业的健康发展。

一、过度开发生物资源，导致生物多样性降低

湿地是自然界中生物多样性最丰富的生态景观，对维持物种多样性有重要意义。过度开发湿地资源是破坏湿地生态系统、降低湿地生物多样性的重要原因。人们过度地追逐经济效应是过度利用湿地资源的根本原因，在河流湿地、湖泊湿地大量地捕获经济鱼类，导致其种群结构单一化、低龄化。虽然我国在一些重要湖泊、海域实行休渔政策，同时对捕鱼工具严格管控，但滥捕、偷捕现象仍十分严重，从而导致中华鲟、江豚等物种成为濒危物种。由于人们对湿地资源的过度开发，对湿地生物的生存与繁殖产生了不利影响。中国东南沿海的红树林被过度砍伐，导致其生境内的生物丧失栖息地，使红树林生态系统处于濒危状态，丧失了防护海岸的功能。

（一）红树林生态系统

红树林生态系统是红树植物和半红树植物以及少部分伴生植物与潮间带泥质海滩（稀有沙质或岩质海滩）的有机综合体系。红树林主要生长在海岸浅水区，植物种类以红树或乔木等为主，土壤多为河道长期淤积的淤泥，有的土地因为靠近海水，呈盐碱状态。由于此类植物内含有丰富的单宁，它与 O_2 反应呈红色，所以被称作红树。红树种类较多，目前在中国有 26 种，分布在沿海省份。红树林树叶茂密、根部发达，能为动物提供丰富食物来源。由于湿地生物多样性丰富，所以红树林适合作为生物的栖息地，其中以候鸟最为出名。但是，过去几十年里修造防护堤，建设水产品养殖基地，千百年来形成的红树林遭到较大破坏。当前，人们的环保意识越来越强，红树林的多种价值日益受到重视。

（二）红树林的生态价值

1. 天然的海岸防护

红树林处于海洋和陆地交界处，在台风海浪冲击时能起到很好的缓冲作用。这是由于

红树林长期受到潮汐影响，有丰富的根系和茂密的树冠。根系能够减缓水流，保住淤泥不流失，从而减缓对岸堤的冲击。茂密的树冠能够降低地表风速，使水体悬浮颗粒扰动作用减小，能更快地沉降淤泥，继而形成陆地。当台风来临时，红树林由于降低风速显著减小破坏，使人们的生命财产安全得到保障。

2. 环境修复

随着经济的发展，沿海地区或多或少遭受污染，其中富营养化和重金属污染问题最为严重。红树林是海岸边上的生态系统中的生产者，其发达的根部使它有很强的吸附污染物的能力。除此之外，红树林所在的生态系统往往生物多样，能够促进降解污染物特别是有机物的降解。红树林生态系统可以对流经的水起到净化的作用，对平衡海边生态起到重要作用。红树林能够将海水中的重金属吸收到植物组织中，避免重金属进入食物链，最后富集到人体，危害人体健康。红树林能够吸收水体中的 N 和 P，降低海水富营养化程度，减少赤潮的发生概率。同时红树林作为初级生产者，能够从大气中固定大量的碳，转化成有机物，相比于陆地森林，红树林固定碳的效率高得多。

3. 生态旅游和教育价值

红树林生态系统生物多样性丰富，加上独特的地理环境，具有很强的观赏和教育价值。红树林因地处海岸，和海岸生态旅游结合在一起，成为当地旅游的亮点。红树林是将生态和人文景观相结合的典型，既起到自身生态保护的作用，又因为天然的美丽景观给人舒适的生活环境，符合新时代生态建设理论的要求。同时，红树林也可作为环保教育基地，如红树林里有丰富的生物，美丽景观激发人们对大自然的热爱，从内心深处保护自然不受破坏。红树林里的生物也能为游客展示生物的多样性，游客可以近距离观察多种不同生物共同生活的景色。另外，红树林生态系统有许多珍稀鸟类，可以吸引游客，但切勿破坏当地生态环境。而旅游业发展获得的收入又可以进一步进行生态建设。

4. 经济价值

红树林具有巨大的经济价值，作为一种高价值木材，还能提供食物、药材和化工原料，合理规划可以实现红树林大规模的开采和种植，实现可持续发展。东南亚部分国家已经形成模式化开采，红树林逐渐成为当地重要的经济来源。同时，红树林作为高产的初级生产者，为海洋鱼类生存发展提供了食物来源，红树林每年都会周期性掉落一些树叶，这为渔业高密集生产提供了可能。因此，红树林周围可以兴建渔场，实现鱼苗高产。

5. 科学研究价值

红树林间接价值中最重要的是科研价值。红树林这种高产生态系统中有许多值得研究的地方，为能源、化工方面提供原材料。学者对红树林生态系统的研究对我们研究生态平衡有重大意义。

（三）红树林的生态现状

随着经济的发展，红树林湿地面临许多问题，如由于水体富营养化藻类过度繁殖、人类社会发展（湿地围垦、滩涂养殖生物资源的过度利用、湿地环境污染滨海水利工程建设、海岸侵蚀与破坏等）带来的破坏，城市建设与旅游业的自助发展带来的破坏导致红树林湿地生态系统退化，造成红树林湿地面积缩小，水质下降，水资源减少甚至枯竭，生物多样性降低，部分红树林湿地功能丧失。虽然有一些国家采取了积极的恢复措施，但红树林这一重要的珍稀物种的消失速度是普通陆生森林的 4 倍。红树林主要分布在我国的海南、广东、广西、福建等省（自治区）的滨海地带，其中海南、广东、广西 3 省（区）的红树林总面积占全国红树林总面积的 97%。

二、生物入侵导致损失严重

生物入侵是指由于一些特殊原因，新的物种被移入新的环境，在没有天敌的条件下，进行疯狂的繁殖，进而导致原有的生态环境被破坏，给当地带来了严重的环境和经济后果。由于人为因素的影响，湿地属于容易受到生物入侵的一类生态系统，生物入侵不仅能驱逐湿地的土著种，使湿地的种群简单化，生态系统破碎化，生物多样性降低，而且能阻断湿地生态系统的物质和能量传递，破坏湿地系统的调控能力，进而导致湿地退化。

湿地同森林和海洋一样，是地球上三大生态系统之一，和人类关系十分密切，被誉为"地球之肾"，在维护全球生态平衡、促进经济社会发展等方面发挥着不可替代的作用。同时，由于地表径流影响、人为活动干扰等因素，湿地也是容易遭受外来物种入侵的生态系统，许多外来入侵物种，给我国湿地环境造成了巨大的经济损失和生态破坏。下面几种常见入侵生物需要我们高度警惕、全力防范。

（一）凤眼莲

凤眼莲俗称水葫芦，属雨久花科植物，原产于委内瑞拉、巴西，现分布于全世界温暖地区（见图 5-2）。我国于 1901 年从日本引入中国台湾作为观赏花卉，20 世纪 30 年代作为畜禽饲料被引入大陆，20 世纪 50 年代被广泛推广种植。由于其无性繁殖速度很快，现在黄河以南水域已泛滥成灾，其中福建、云南、江苏、浙江、四川、湖南较多。

图 5-2　凤眼莲

水葫芦疯狂蔓延的主要危害有：堵塞河道，影响航运、排灌和水产品养殖；破坏水生生态系统，威胁本地生物多样性；吸附重金属等有毒物质，死亡后沉入水底，构成对水质的二次污染；覆盖水面，影响生活用水。以云南昆明滇池为例，20 世纪 60 年代以前主要水生植物有 16 种，水生动物 68 种，但到 20 世纪 80 年代，大部分水生植物相继消亡，水生动物仅存 30 多种，被专家称为患上了"生态癌症"。我国每年因打捞水葫芦的费用就达 5 亿~10 亿元，由水葫芦造成的直接经济损失接近 100 亿元。对其控制方法除了人工打捞外，还可利用除草剂和天敌昆虫协调防治。

（二）大米草

大米草又名互花米草，因种子酷似米粒而得名，属禾本科植物（见图 5-3）。该物种于 1894 年在英国海湾天然杂交而成，具繁殖快、长势强等特点。我国于 1979 年引入，在福建沿海等地试种后大规模宣传推广，1982 年以后扩散到江苏、广东、浙江和山东等地。当初引种的目的是为保护海岸、改良土壤、绿化滩涂与改善环境。现在这个物种已经在上海、江苏、浙江、福建、广东等地海滩大面积蔓延。

图 5-3　大米草

大米草在沿海地区的肆虐，不仅侵占大面积近海滩涂，使沿海养殖的贝类、蟹类、藻类、跳跳鱼等生物大量窒息死亡，还使一些港道淤塞，影响海水交换，导致水质下降，红树林消减。1990 年，大米草使福建宁德东吾洋一带的水产业损失超千万元，已经成为沿海地区渔业养殖受损、红树林不断消失的重要诱因。对其控制方法主要是采用人工和机械清除，但效率不高；除草剂只能清除地表以上部分，对清除根系和种子收效甚微。

（三）水花生

水花生学名空心莲子草，属苋科植物，原产地为南美洲，现广泛分布于世界温暖地区（见图 5-4）。1892 年我国上海附近岛屿出现过，20 世纪 50 年代作为猪的饲料推广栽培，此后逃逸野生环境导致草灾。现在水花生几乎遍及我国黄河流域以南地区，大量入侵湿地生态环境，覆盖水田沟渠等，严重危害湿地生态系统。

图 5-4　水花生

　　水花生扩散蔓延后的主要危害有：堵塞航道，影响水上交通；排挤其他植物，使群落物种单一化；覆盖水面水田，影响水产养殖和水稻生产；布满沟渠草坪，破坏农田灌溉和草坪景观；还能滋生蚊蝇，危害人类健康等。对其可采用机械和人工防除法对付密度小或新入侵的种群；用除草剂作化学防除对地上部分能短期见效；中国农科院生防所 20 世纪 80 年代末引自南美的专食性天敌昆虫莲草直胸跳甲，对水生型水花生的控制效果较好。

（四）千屈菜

　　千屈菜又称水枝锦，属千屈菜科年生宿根草本植物（见图 5-5）。原产欧洲，我国在 100 多年前以观赏植物引入，同时，我国也有少量野生，常用于盆栽、浅水栽或用作花径背景，浅水中生长最好，也可旱栽，不择土壤。千屈菜对环境适应性极好，可自播繁衍占领湿地，使其他物种减少或消亡。现在我国南北各地均作为湿生观赏花卉广泛栽植。

图 5-5　千屈菜

由于湿地生态体系比较脆弱，千屈菜这种入侵植物生命力极强，可以迅速覆盖大面积湿地，改变原有各个物种依存关系，使水鸟等动物陷入食物紧缺和栖息地萎缩危险中，其所到之处大量繁殖，与原有的动植物争夺空间、水分和养分，不少原有本地植物因此死亡，很多原有本地动物因此而迁移，生态环境和生物多样性遭到破坏。对其控制方法除了用机械和人工除治外，还可用生物除草剂防除。

（五）牛蛙

牛蛙又名美国青蛙，属蛙科动物（见图5-6）。原产北美洲，因其食用价值被广泛引入世界各地，1959年引入我国。牛蛙天敌较少，寿命长，适应性好，繁殖能力强，具有明显的竞争优势，且易于入侵和扩散。目前，牛蛙几乎遍布北京以南地区，除了西藏、海南、香港和澳门外，其他省区都有人工养殖和自然分布。

图5-6　牛蛙

牛蛙食性广泛且食量较大，其食物包括昆虫、其他无脊椎动物，还有鱼、蛙、蝾螈、幼龟等水生动物，以及小蛇、小型鼠类和小鸟等。

早期养殖和管理方法不当，是造成牛蛙扩散的主要原因。由于它对本地两栖类动物威胁较大，对一些昆虫种群也存在威胁，且在贩运和加工过程中逃逸现象普遍，故被列为外来入侵物种。对其控制方法主要是加强饲养管理和改善饲养方式，对野外的牛蛙主要采用人工方法控制种群数量。

（六）小龙虾

小龙虾学名克氏原螯虾，属螯虾科动物（见图5-7）。原产于中、南美洲。现在世界各地都有养殖且已经形成数量巨大的野外种群。我国主要是用作食物、鱼饵和宠物，最早是在南京市以及附近郊县繁衍，现已扩散到我国南方的广大区域，在江苏、安徽、上海、湖南等地形成数量庞大的自然种群。

图 5-7　小龙虾

　　小龙虾抗逆性很强，在各种水体里都能生存，在陆地上也能爬行，所以繁衍非常快速。小龙虾喜欢穴居，洞穴导致灌溉用水的流失；擅长打洞的特性，使其对水库大坝的危害性超过白蚁；小龙虾食性广泛，取食水生植物根系，对当地水生植物、鱼类、甲壳类极具威胁，破坏当地食物链和生物多样性。对其控制方法目前最有效的是人工捕抓，洞庭湖地区采用灭虾笼在不同水域轮流捕抓，效果不错。该工具不会影响其他鱼类的生存，同时可以避免农药灭虾导致的水体污染。

（七）福寿螺

　　福寿螺学名大瓶螺，属瓶螺科动物（见图 5-8）。大瓶螺原产于南美洲亚马孙河流域，20 世纪 70 年代末，作为一种食物被引进东南亚许多国家和地区，1980 年作为高蛋白食物被引入我国台湾，1981 年被引入广东，1984 年后又被引入大陆其他省份养殖。在短时间内，它的分布范围迅速增加，并由南向北推进。目前，其广泛分布于广东、广西、云南、福建等地。

图 5-8　福寿螺

福寿螺已成为世界性农业生产的重要有害生物，在亚洲、北美洲和南美洲都出现了大规模爆发，对粮食生产造成了不良影响。福寿螺食量极大，对水稻生产危害严重；还能刮食水田藻类，排泄物污染水体；可啃噬粗糙植物，破坏当地淡水生物的物种多样性。另外，它还传播一种人畜共患的寄生虫，引发脑膜炎危害人体健康。对其控制方法是整治和破坏其越冬场所，减少越冬的残螺量，以及人工进行捕螺摘卵、养鸭食螺等。

（八）巴西龟

巴西龟又名红耳龟，属龟科动物（见图5-9）。巴西龟因外形可爱而被当作宠物，数年前从南美洲引入我国。现在我国花鸟鱼虫市场，巴西龟是最常见也最廉价的龟类，受到商贩和消费者青睐。我国每年进口近1000万只巴西龟，而国内养殖的个体每年约有3000万只上市。目前，巴西龟已渐渐侵入我国南北方的各种野外水体，由南向北到处都可以看到它的踪影。它是被世界自然保护联盟列为世界最危险的100个入侵物种之一。

图5-9　巴西龟

巴西龟捕食能力强，在野外掠夺其他生物的生存资源，使同类物种的生存受到毁灭性打击；除了抢夺本土龟的食物外，巴西龟还很霸道地和本土龟"联姻"，导致本土淡水龟类的基因污染；巴西龟还是沙门氏杆菌传播的罪魁祸首，这些病菌已被证明可以传播给包括人在内的恒温动物并在其中传播。巴西龟野外基本没有天敌，对其控制方法主要是人工除治，如禁止购买作为宠物饲养，不要随意丢弃、放生和放置在野外等，以减少对自然生态环境的危害。

第六章　湿地生态资源保护与开发的思路

第一节　湿地保护与开发战略目标

在湿地保护与合理利用总目标下，近期，国家优先选择以湿地保护为重点。在湿地保护中优先考虑对自然湿地生态系统的保护，即以保护自然湿地预防为主，以对退化湿地进行示范性的生态恢复、重建治理为辅以及建立湿地合理利用示范区，作为近期国家湿地保护的战略重点。

一、国家湿地战略的有限目标

在考虑公众利益的前提下，减少自然湿地的进一步丧失和退化。在国家自然生态保护体系中确保有广泛完整的湿地数量。在对生态系统可持续管理以及结合集水区管理实践上，加强对自然湿地的利用监管。实施国家湿地重点保护工程。提高公众意识，尊重湿地的价值和效益，以及实现社区与湿地保护管理者对湿地资源的共同管理。鼓励采取合作的方式管理湿地，合作的对象包括政府各部门、社会团体、私营机构以及国际组织等。

为了达成国家湿地保护战略预期目标，国家湿地重点保护工程支持并资助的重点在不同层面有所侧重。

地方层面，重点支持相应的社区湿地保护与湿地资源共同管理项目，包括通过改变当地人的资源利用强度或方式来恢复湿地等。

国家层面，重点支持同省级政府具有合作机制的项目以及区域项目，包括省级湿地保护机构能力提高和区域联合保护机制的建立等。

全球层面，重点支持促进《湿地公约》以及在亚太地区与迁徙水鸟保护相关的行动。

二、湿地保护的总目标

通过对湿地及其生物多样性的就地保护与污染控制、土地利用方式调整等管理，形成自然湿地保护体系，全面维护湿地生态系统的生态特性和基本功能，使湿地面积萎缩和功能退化的趋势得到扭转。实施重点生态区域退化湿地的恢复和治理，有计划地恢复自然湿地及其生态功能。建立能维持生态系统自然特性的湿地合理利用示范区，实现湿地资源可持续利用。建立并完善自然湿地用途变更许可和湿地生态监测、生态风险评估等制度，加强湿地资源调查监测、宣教培训、科研与技术推广等方面的能力建设，建立完备的湿地保护管理体系、法制体系、科研监测体系。通过全社会的共同努力，全面提高我国湿地保护、管理和合理利用水平，形成完善的自然湿地保护网络体系，使90%的自然湿地得到良好保护，实现我国湿地保护和合理利用的良性循环，保持和最大限度地发挥湿地生态系统的各种功能和效益，为经济社会可持续发展做出更大贡献。

三、国家湿地主要战略重点

（一）加强自然湿地的保护与预防

以湿地及其生物多样性遭受破坏为出发点，采用最直接、最有效和最经济的就地保护方式，保护湿地及其生物多样性，保持湿地的自然或近自然状态。

以保护我国湿地生态系统和抢救湿地野生动植物种多样性为重点，在我国生态脆弱地区、具有湿地生态系统代表性、典型性并未受破坏的湿地区域、湿地生物多样性丰富区域等建立、完善一批不同级别、不同规模的湿地自然保护区，形成完善的湿地自然保护区网络，解决自然湿地保留面积低的问题。同时采取有效措施，加大对已建湿地自然保护区的监管、投入力度，重点解决保护管理水平低下、湿地生态功能受损问题，使湿地生态系统、野生动植物及其栖息地得到有效保护。

制定区域或流域性的湿地保护、恢复以及相应植被恢复的综合规划，统一协调区域或流域内的湿地保护工作。注重通过维护自然水系，维持、保护自然湿地。

在一些重要湿地区域，建立由当地湿地保护机构和社区共同参与的湿地保护和管理委员会，由当地社区参与制订湿地保护和管理计划、区域经济文化发展规划等，使得湿地保护和管理的政府行为充分体现当地社区的利益。

（二）大力推进退化湿地的生态恢复

以逐步恢复和重建退化湿地生态系统、促进受威胁的湿地物种的恢复为出发点，采用科学研究与湿地生态治理、修复技术与退化湿地治理相结合的方式，通过建立湿地生态恢复示范并注重政策、法制等社会性对策，调动、利用社会力量和作用推进湿地生态修复。湿地的退化是由于多种自然或人为因素干扰，这种退化直接导致湿地的自然生态服务功能降低，使大自然对人类的馈赠因此而减少，进而损害危及人类的生存发展。因此，湿地恢复重建项目首先必须考虑排除因人类不当活动形成的湿地干扰因素，通过恢复自然水系或建立湿地的补水机制、退田还湖、控制污染和湿地野生动植物恢复等措施，逐步实现湿地生态系统的结构和功能恢复。

（三）促进湿地资源的合理利用

对湿地资源的开发利用制定科学的规划，实现统一规划指导下的湿地资源保护与合理利用的分类管理。近期的湿地资源利用应首先服从于湿地资源保护的需要，限制自然湿地用途变更、制止过度利用和不合理开发。选择有开发潜力、有示范意义的项目，开展多形式的湿地资源可持续利用示范区建设，如生态农业和生态渔业相结合，湿地多用途管理等示范区，并将其成果与管理体制紧密结合，开展技术推广和交流。充分发挥我国湿地景观丰富多样的特点，积极推进湿地生态旅游，建立不同类型的湿地特色旅游示范区，开展湿地保护与合理利用优化模式的试验，为不同生态类型的湿地合理利用提供可资借鉴、推广的示范模式。

（四）加强河流型湿地生态修复

1. 河流型湿地生态修复目标及原则

（1）生态修复目标

①修复河流型湿地受损生态系统，使湿地恢复自我调节，自我净化能力是湿地生态修复的最重要目标。河流型湿地生态修复是系统性修复，需要梳理湿地生态要素及要素间逻辑关系，以动态化视角分析生态要素的功能作用，并选取决定河流型湿地生态修复效果的关键要素作为湿地生态修复切入点，通过关键要素的修复逐步带动湿地生态系统恢复，最终成湿地生态修复的目标。

②恢复湿地系统的自然水文特征。河流型湿地系统的自然水文特征是影响湿地生态环境理化性质及营养物质输入输出的关键要素。修复湿地系统自然水文特征就是在保证湿地水体质量的前提下恢复水量水质，保证湿地水体面积，提高湿地水环境承载力，使湿地自身通过水循环达到水体自给自足，自我净化。

③恢复湿地系统地形地质稳定性。恢复河流型湿地系统地形地质稳定性就是要修复被破坏污染的地形及土壤。修复地形竖向以疏理雨水地表径流，促进水体物质循环，降低水土流失风险。修复土壤以使湿地恢复涵养水源与养分的能力，恢复被污染的动植物栖息地，使湿地重新拥有适宜动植物生长的野生自然条件。

④恢复湿地物种和群落多样性。湿地作为陆地斑块与水域斑块的边缘交界地带，具有比水陆两种斑块更为丰富的动植物种类。据统计，我国40多种一级保护珍稀鸟类中，约有一半生活在湿地中。此外，有50%以上的爬行动物的生活习性与湿地有关。而野生动植物的存在也为湿地生态系统的物质循环、能量流动、物种的迁移与扩散提供支持。因此，修复湿地动植物生境，就是修复湿地生态系统自我恢复、自然演替的过程，只有构建生态、安全、适宜的栖息地环境，恢复湿地野生动植物多样性，才能使湿地生态系统拥有足够的自我调节能力和自我生产力。

⑤完善湿地生态效益和湿地社会经济效益。保护河流型湿地生态环境，恢复湿地生态系统是湿地生态修复的最主要目标。不仅如此，湿地修复在保证湿地发挥生态效益的同时，应为人类所利用，发挥湿地生态系统服务综合功能，对人类社会经济产生正向作用。

（2）生态修复原则

①生态优先原则。生态优先原则要求河流型湿地修复要以生态安全性保护为前提，以自然演替规律为依据，即首先应在生态修复之初统筹考虑区域生态格局，明确所修复湿地位于区域生态格局的位置。其次明确研究目标湿地的自然禀赋、生态现状及自然演替规律，并划定湿地生态敏感性分区，逐步保护并恢复湿地生态系统结构功能。

②系统性原则。生态系统是指在一定空间中共同栖居着所有生物与其环境之间由于不

断地进行物质循环和能量流动过程而形成的统一整体。河流型湿地修复是湿地生态系统的修复，系统性原则要求湿地修复要在充分认知湿地功能、要素、结构的前提下，尽可能把握湿地生态要素与过程间的逻辑关系，在针对修复污染破坏点的基础上全面地修复湿地生态系统，使湿地生态系统发挥综合效用。

③生物多样性原则。景观生态学研究表明生物多样性高，群落类型丰富的斑块具有较强的抵御外界干扰的能力，其自我恢复、自我净化能力也强于生物多样性低的斑块，因此，通过提高河流型湿地景观异质性，进而提升湿地生物多样性，达到修复湿地生态系统，恢复湿地自净能力及恒久维持能力的目的。

④干扰最小化原则。人为生态修复工程对于河流型湿地生态系统是一种干扰。这种干扰对恢复退化或不稳定的湿地生态系统具有一定的危险性。因此，在修复实践过程中，首先要以科学分析为前提，对修复工作带来的诸多可能结果进行研判后再付诸实践。其次，在修复实践过程中，要尽可能防止或减轻对湿地生态环境的负面干扰，减小危险发生的概率。

⑤地域性原则。地域性原则要求生态修复过程首先应明晰湿地现有及历史自然资源的种类类型，分析自然资源和生态环境变化的过程和原因。在此基础上，积极保护当地动植物生境，并利用当地自然资源及生态过程，通过较低的人为干预修复湿地物质流循环，能量流运动。不仅如此，还应探索湿地的场所文化记忆，对其所蕴含的地方历史文脉保留和还原。

2.河流型湿地生态修复策略

（1）构建河流型湿地修复生态格局

河流型湿地生态敏感性分析。生态敏感性是指生态环境质量在未被破坏的前提下，生态系统对人类干扰的敏感程度。其往往用来反映生态问题发生的可能性大小。高生态敏感性区域是生态环境脆弱，容易发生生态问题的区域，这一区域需要重点保护。而生态敏感性较低的区域，其往往生态稳定性较好，不容易发生生态问题且对于外界干扰有一定抵抗能力，可以在这一区域进行适度的人工干扰。此外，还可根据规划设计需求进行多级分区，以划分出需优先规划设计的区域。

生态敏感性分析是适宜性分析的一种，这种分析方法由麦克哈格在其著作《设计结合自然》中首先阐述。麦克哈格认为生态敏感性分析必须与特定目标相联系时才具有意义。通常在确定土地使用方式时，应用生态敏感性分析表明规划区土地生态敏感程度，并限制在敏感程度高的区域进行开发建设，以确保现有生态自然资源免遭破坏。

进行生态敏感性分析的前提是确定生态敏感性因子，敏感性因子即是影响目标生态环境稳定性的关键因子。其次是确定叠加分析方法，一般包括直接叠加法、加权叠加法和生态因子组合法三种。敏感性高的区域是易受干扰破坏需要保护的区域，而敏感性低的区域则是可以进行建设的区域。生态敏感性分析的优势是可以清晰直观地分辨保护与利用区域，是以生态保护为导向的开发活动的基础性分析。

河流型湿地生态修复与生态格局。当河流型湿地因过度人为干预遭到巨大破坏,河流湿地自身通过自然演替无法快速恢复自我净化时,只能采取人工介入修复。为防止人为修复过程对现状湿地资源造成二次破坏,首先根据生态敏感性分析确立场地修复生态格局,通过分区分级,因地制宜地制定修复策略及技术。通过生态修复过程引导河流湿地朝着稳定、健康有利于生物多样性提升的方向发展。

生态保育区是现状湿地资源保留较为完整,但存在较高被破坏风险的区域。这一区域是湿地资源保护的重点区域,因此其边界划定应着重考虑人为因素对其产生的干扰,例如城市道路交通噪声、原场地及周边场地农林业污染威胁等,并选择生境较完好,具有河流湿地特征及生物群落的区域划定为生态保育区。而针对这一区域的修复应考虑场地现状自然条件,厘清湿地资源演替阶段,找寻生态危害源点针对性修复。在修复过程中应使用场地附近材料,采用拟自然方法,并避免车辆进入。

生态缓冲区是毗邻生态保育区,具有一定湿地资源及生物栖息地的区域,该区域人为破坏较生态保育区严重,其作为生态保育区与综合功能区之间的过渡地带,是湿地修复与利用的关键区域。这一区域在修复方法上可以增加人工干扰强度,但需要注意的是修复过程要考虑对生态保育区的隔离,避免影响生态保育区环境。

综合服务与管理区是场地内湿地资源、动物栖息地较少的区域。这一区域往往人工干扰强,污染严重,缺乏恢复完整湿地生态系统的条件。对于这一区域的修复应以消除污染避免污染对生态保育区及生态缓冲区带来次生灾害为主要目的,同时为人类活动提供空间,成为场地内空间与场地外城市空间的过渡地带。

（2）完善河流型湿地基底

修复河流型湿地水系统。河流型湿地是在地表水充沛的条件下形成的,可以说湿地与水不可分割,没有水就没有湿地。水文环境的质量直接决定了湿地生态环境质量。因此,河流型湿地基底生态修复过程的首要任务即是修复湿地水系统,使之形成拥有自我调节能力、自我修复能力和持久动态稳定的湿地水文环境。其中河流水系形态、水量、水质修复是湿地水系统修复的主要内容。

修复河流水系空间形态。依据河流生态修复四维系统理论,河流水系空间形态分为横向空间、垂直空间和纵向空间形态三类。

河流水系横向空间形态修复应尊重河流发育自然规律,在明确河流历史水陆格局的和上位规划目标的基础上进行修复。蜿蜒形态是自然河流的基本形态,也是河流发育适应场地环境变化的必然结果。因此,修复河流横向空间形态往往是恢复河流蜿蜒形态。这一修复过程首先需要了解自然状态下河流蜿蜒形态的成因。而水体要素和陆地要素的相互作用关系是其主因。河流水位、水速变化带来的冲击力导致河岸被冲刷和淤积,产生了深潭—浅滩交错分布的特征。而水文状况的周期性变化又使得这一特征存在规律性。深潭往往处于河流蜿蜒形态的弯曲顶点,而浅滩是两个河湾间的浅河道。当上游河岸因河水冲击侵蚀形成大量泥沙输移到下游时,深潭被泥沙填满。但当下一场洪水到来时,泥沙会被洪水裹挟着输移到下游的其他深潭中，上游深潭得以恢复。此外，在枯水季节，深潭河床会显露出卵石浅滩及沙洲，这样，泥沙在深潭—浅滩周期性的存在状态造就了河流平面形态上的曲直。

河流周期性变化的深潭—浅滩序列构成了形态千变万化的蜿蜒形河流。修复河流横向空间形态就是重塑河流蜿蜒形态，避免对河流进行简单的裁弯取直，并且弯曲的岸线拉长了陆地与水域的交界面，增加的水陆域生物交界面积，加强了生态边缘效应，为生物提供了多样化的繁衍生息环境，同时支撑了河流生物群落多样性。

河流水系垂直空间形态是基于河道水流冲刷及其携带泥沙的沉淀作用而形成的，自然河流在垂直空间上丰富的断面形态有利于降低河水过境流速、维护湿地生境稳定。

河槽。水流对水岸冲击造成陆地驳岸剥落，而由于水流对于凹岸和凸岸的冲刷力不同，冲刷力较强的一边驳岸剥落严重，加之水流搬运作用，因此这一侧的驳岸坡度较陡形成河槽；而水流冲刷力弱的一边驳岸剥落较轻，水流速度慢易淤积泥沙，最终形成了滩地。河槽基底是河槽重点修复区域，其由于常年被水体浸润，水分含量要明显高于陆地。再加之水体对上游物质的输移、沉淀作用，河槽基底成为多种有机质的富集地，有机质便会随着水流冲向洪泛平原湿地，为湿地动植物提供营养物质。此外，河槽基底还是河流水补充地下水经过的主要界面。因此对河槽基底的修复关系整个湿地生态系统的健康。

河槽基底生态修复需根据基底退化原因有针对性选择修复途径。对于基底被人工硬质化的河道，需根据水文情况明确硬质化必要性，如不能拆除还原为自然式河道，则可以通过增加河流地形变化、设计生态浮岛等方式降低水流速度，过滤污染物，补充河槽基底功能。对于河槽基底土质营养物质过剩问题，应确定区域环境中的污染源，减少向河道排放有机质，从源头上掐断污染。

同时通过在河岸及浅水区栽植具有吸收污染物质抗逆性强的植物，运用水流冲刷作用和植物吸附作用吸收土壤中的污染物，逐步改善基底理化性质。也可以通过化学改良方法，如对于酸度超标的基底采用石灰类改良剂，碱度超标则可以运用石膏、磷石膏等。但采用此方法需要精确计算，防止化学试剂带来的二次污染。此外，还可以利用微生物代谢改良河槽基底，这种方式往往运用于改良被重金属离子破坏的河槽基底。河槽的形态与水流冲刷强弱、驳岸土质、竖向情况息息相关，其具体形态也千差万别，但正是这种多变形态为水生生物提供了丰富的生境。

因此，在进行河槽修复时应尊重自然河槽形态，考虑不同生物生境需求，切忌使用同一标准进行修复设计。

滩地。河槽基底的摩擦阻力和河流蜿蜒的横向空间形态会降低河水流速，进而将水流中夹杂的泥沙沉淀至河流两侧最终形成滩地。滩地是永久性河流的重要组成部分，河流周期性的消长将水和有机物保留在了滩地，成为湿地各类生物繁衍的温床。不仅如此，在河流复式断面过流理论中，滩地具有比河槽更好的过水能力，是降低洪水流速，减轻洪水危害的重要区域。河滩修复应根据河流水淹没区域位置分为高位河滩和低位河滩，在规划设计时要考虑高低位河滩不同的生境需求，营造多样化景观。

缓冲带。缓冲带是河流两岸地势较高的区域，它位于河床与陆地交界的过渡区域，是保护河床生境不被周边环境干扰影响的重要区域。此外，缓冲带还起到为河流湿地生物提供迁徙廊道的作用。在进行具体修复设计时，如果现状缓冲带较窄，则以修复保护为主。如果宽度足够，则需考虑缓冲带的具体功能作用，以此来确定修复缓冲带的宽度。此外，缓冲带是公园活动场地的潜在布置区域，因此，在修复设计时要做到在保护优先的前提下，结合场地竖向营造湿地游憩景观。

河流水系纵向空间形态是基于地球重力发育而成的，根据其发育特征分为上游、中下游、河口段。对于纵向空间形态的修复应尊重河流区段特征。河流上游水道狭窄，河流湍急，水质优良，这一区域的湿地形态多表现为碎石河漫滩、岩石潮地等。河流中下游水道渐宽，水速变缓，空间结构丰富，是生物较为理想的栖息场所，因此，这一区域的湿地发育规模大且湿地间连通性较强，湿地形态表现为浅水湿地、河滩湿地等。河口段区域水速更为缓慢，因此这一区域多淤积泥沙，表现为泥塘、河滩湿地形态。

恢复河流正常水量。对河流水量修复的前提是恢复水体流动性特征，并在此基础上保障河流水量资源充足。通过竖向设计引导河水流动是恢复河流流动性最常见的方式，此外，还可以通过人工疏浚河道、调整河道形态、筑坝设置水闸的方式恢复河水流动。

在补充水量方面，应确定水量减少的原因，对于上游水源不足导致河道水位下降的情况，可以通过筑坝拦阻以保证水量，同时结合竖向设计促进降水、地表水补充河水。对于地下水位下降而导致河道水量减少的情况需调整河槽基底理化性质，减少下渗，另外通过竖向改变及植物栽植减缓水流速度，促进泥沙堆积以增加水位变化。此外，还可以采用减少上游用水量并适度引水的方式提高河流水量。例如，位于黑龙江省齐齐哈尔市的扎龙湿地主要有两个补水来源，其一，泛滥的嫩江洪水，但近年来随着防洪堤坝的兴建，洪水不再作为补水源；其二，流入湿地的乌裕尔河和双阳河，但由于上游农业用地激增，导致用水逐年提升，流入湿地的河水量迅速下降。水量的缺乏导致湿地水循环过程停滞，湿地面积缩减、生态系统退化。为解决上述问题，有关部门对上游农用地采取了退耕还林的政策，并且促进产业结构调整，减少高耗水产业。不仅如此，通过修筑新的水利工程和可控措施将嫩江洪水引入湿地，最终使濒临消失的湿地重焕往日生机。

提升河流水体质量。在水质修复方面，应首先识别污染源，杜绝工业、农业污染侵入河流。当水体因滞留淤积产生污染时应通过疏通水系，增强水体流动性，利用河流的自净能力进行净化。当水体污染严重无法通过河流自净时，应在识别污染物类型和相关指标的基础上采取人工介入修复的策略。通常，在水质污染物判别方法上采取透明度判别、pH酸碱度法和COD（化学需氧量）法。而根据污染物类型采取的除污方法主要包括物理法、化学法和生态修复技术。物理法如在河水上游水源处设置沉淀池，通过物理沉淀后的新水替代旧水，提升河流水质并维持河流水体自净能力。化学法如电化学沉淀法，日本的霞浦湖湿地恢复计划采用电化学净化系统和"河流—沟渠"混合净化系统来清除河流悬浮类污染物质，展现了显著的生态恢复效果。

生态修复技术是本文研究的重点，而构建人工湿地是湿地公园提升水质的最常见方法，其重点在于构建人工湿地序列，利用基质、湿地植物及其根际微生物三者共同净化水体。

基质常见为碎石和陶粒，其具有较高的透水和过滤性可筛除大颗粒杂质，并且能为植物提供生长基底，与植物根系共同形成生物膜系统。而湿地植物主要利用其生长过程中对污染物的代谢转化作用有效降低污染物净化水体，常用如芦苇、香蒲等。此外，湿地植物还为甲壳类浮游生物提供了栖息地，此类生物可以有效控制因有机质富集而产生的藻类并供给根基微生物降解污染物所需氧气，促进有机污染物和重金属离子消解。

人工湿地修复是常见的水质生态修复方式。除人工湿地修复，水质生态修复方式还包括人工生物膜修复、微生物修复、活性污泥修复、生态塘修复。

湿地地形竖向修复设计需结合当地降水量及河流水位变化要求，塑造起伏多变的河岸滩形态，以模拟湿地生物自然分布环境。此外，还可以通过生态修复营造起伏的地形以及地形的分水汇水引导地表雨水径流由高到低排入河流，促进水循环。同时，合适的排水坡度加之植物拦阻使雨水不会携带过多土壤与无机盐而造成水土流失。而良好的地质条件使雨水得以下渗补充地下水，增加湿地涵养水量与养分，为湿地动植物栖息提供良好的生长环境。对于被人工建设工程破坏现状地形坡度较陡的区域，可采用削坡的方式降低坡度，并栽植固土效果好的植被以稳定地形。

岛屿是河流中的陆地，其具有净化河水水质，减缓洪泛水流速度的作用。此外，岛屿作为散布在水中的陆地，具有增加河流景观异质性，为鸟类等生物提供安全栖息地的作用。岛屿形状要根据水流的冲蚀规律来设计。此外，需控制岛屿面积，岛屿面积越大，单位面积岸线越短，水陆交界面就越小，不利于提升边缘效应。同时要适当增加岛屿数量，不仅有利于维持湿地空间的景观异质性，还能起到降低水流速度、净化水质等作用。

（3）修复湿地驳岸

驳岸是陆地与水域交界区域，它对陆地地形地质保持、水陆域物质交换、动物迁移、污染物阻滞降解、滞洪补枯等有重要作用。不仅如此，驳岸还起到为野生动物提供栖息地的重要作用。

河流型湿地生态驳岸类型的选择受水流冲击强度影响，河道不同、区域水速的不同造成驳岸侵蚀程度差异。河道紧缩区域水流湍急，驳岸在河水表流和潜流的共同冲击下侵蚀严重，因此，这一区域往往采用抗水冲击效果最好的生态驳岸类型，如抛石、砌石嵌草型、石笼墙型生态驳岸。被河水侵蚀较弱的驳岸区域往往采用草坡入水驳岸、石滩驳岸和木桩式驳岸形式。石滩驳岸由大小不同的卵石排列塑造成自然多孔介质驳岸，可增强河岸的抗水流冲击能力，并且成了动植物的定居地。

木桩式驳岸由长度粗细相近的木桩构成，垂直排列埋于水岸边界，能有效阻挡水流对沿岸土地侵蚀，同时木桩间留存有缝隙，成为可渗透性界面，为水岸物质交换、动物迁移提供可能。此外，河流型湿地驳岸坡度也是影响设计驳岸类型选择的重要因素，当驳岸坡度在30°以下处于土壤自然安息角状态时，应选择自然缓坡式驳岸。当驳岸坡度在30°~40°时可利用大小不一的天然石块配比投石形成毛石驳岸，在抗阻水流冲刷的同时，为水生生物及底栖生物提供栖息环境。而当驳岸坡度大于40°时，岸坡稳定性下降，应选择砌石嵌草型驳岸或石笼墙驳岸，以稳定岸坡防止水流侵蚀。

（4）重塑植被群落

构建植物生境首先要了解植物的生态习性、种类组成、结构特点和演替规律，并结合生态学及景观美学，通过人为干扰影响栖息地及植被群落自然演替，改善植物生境立地条件，促进植物群落再生，以渐进式修复使栖息地恢复至近自然状态。

河流型湿地植被主要指生长在湿地环境中，也就是河流水岸线以及长期或周期性被水淹没或水体过饱和土壤中的植物。

湿地植被群落的发育生成遵循自然演替规律，根据恢复生态学理论，河流水域由于富有有机质且物质交换频繁，因此其是湿地植被群落水平格局演替的起始点，随着初期植物的富集，植物开始向滩涂及缓冲区生长蔓延，最终形成以水域为中心的向心式多层次植物湿地群落。在湿地植物垂直格局演替过程中，湿地植物将经历沉水植物、浮水植物、挺水植物、草本植被、灌草植被、森林植被，由低级到高级，由单一到复杂的植被演替过程。基于上述演替规律，设计中应采取人工预植、补植措施以加速湿地植被演替，恢复湿地植被群落结构。具体做法为在演替初期人工大面积播撒乡土水生草种，待成景后再引种沉水、浮水、挺水植物等，促进湿地植被群落演替。

修复湿地植物群落需遵守三点原则，即生态适应性原则、地域性原则、物种多样性原则。生态适应性原则要求根据场地不同区域立地条件，选择具有适应该生态条件的物种，同时应考虑到植物的抗逆性，在满足植物健康生长需求的基础上平衡好设计目标及修复功能的要求。地域性原则要求选用在自然分布较为广泛的乡土植物，乡土植物对当地自然环境适应性强，并且抗污染能力和抗逆性强，有利于同其他生物快速形成自维持能力好、生态稳定的植物种群。物种多样性原则要求在保障安全的前提下，适度增加植物群落物种及数量以提高群落物种多样性，增强群落的抗性，多样的植物群落为河流湿地生态系统提供丰富的生境空间，保持生物群落的整体健康稳定。

（5）营造动物栖息地

修复湿地动物栖息地对提升生物多样性，增强湿地生态系统稳定性具重要作用，因此，在植被生境修复的同时应有目的地进行动物栖息地的修复构建，使河流型湿地整体生态结构、功能完备健全。河流型湿地的动物资源种类主要包括鸟类、鱼类、两栖动物、爬行动物、底栖动物。

鸟类栖息地营造。其中鸟类是湿地野生动物中最具代表性的类群。鸟类作为哺乳纲中享有"会飞翔的高级脊椎动物"称号的动物，不仅属于草食性动物，也属于肉食性动物，是湿地生态食物链的重要环节，其数量和种类的多样性反映了湿地整体生态群落和功能的合理性。因此，在河流湿地生态修复中，对鸟类栖息地修复是湿地生态修复的重点。根据鸟类的行为习性可以将鸟类分为6大生态类群，分别是陆禽、游禽、涉禽、攀禽、猛禽和鸣禽。

修复鸟类栖息地首先要为鸟类提供充足的食物来源。水深平均0.8~1.2m的水域是游禽类较为喜爱的觅食场所，这一区域的修复宜采用缓坡形驳岸并保留裸露滩涂。滩涂通常冬季阳光充足，是鸟类越冬觅食的主要场所。而水陆交接的湿地区域具有丰富的生境类型能吸引多种动物，如鱼虾等水生动物，昆虫和各类两栖类生物，因此这一区域为游禽和涉禽提供了充足的食物来源。毗邻湿地的陆地区域生长着高大乔木，是湿地公园中植被密度及丰富度较高的区域，较陆地林地更适合各类攀禽、鸣禽的栖息觅食。

其次应划定特定鸟类活动区，避免人类活动干扰鸟类栖息。可以设置0.5~1hm²的鸟类安全岛供鸟类栖息，安全岛为孤立岛屿，没有人类活动干扰，可以保证涉禽和水禽隐蔽的栖息和繁殖。可以通过营建远离人类活动的浅水区，种植鸟类喜嗜水生植物，吸引涉禽类。此外应构建广泛分布、数量众多的水渠以吸引水禽。陆域栖息地修复时高大乔木应远离大水面，为鸟类活动留出足够空间。植物选择方面应选择枝叶繁茂的乔木，有利于鸟类栖息繁衍，同时可以人为放置一些鸟屋、树洞等，吸引鸟类筑巢。

不仅如此，在湿地公园构建鸟类栖息地时应考虑与人类活动的关系，要以对动物生息繁衍最小干扰为原则，在不破坏鸟类栖息地的完整性和连续性的同时，合理布置场地并隐蔽隔离设施。

构建鸟类栖息地还需要协调动物活动及植物生长阶段在时间上的关系，尤其要充分考虑鸟类的季节性迁徙，在特定时间段根据目标鸟类确定食源，有目的地增加鸟嗜植物，为迁徙鸟类营造充足食物来源，吸引更多类型鸟类栖息停留。早春开花植物的花朵、夏秋植物的果实，尤其是浆果、浆果状核果等，都是鸟类喜爱的食物，另外，花朵、果实等颜色越鲜艳，越容易招引鸟类取食。北方地区冬季应保证植物群落内常绿和落叶植物的比例，在冬季为鸟类提供果实。

鱼类栖息地营造。鱼类属于水生脊椎动物，在河流型湿地生态系统中属于次级消费者，是湿地食物链中的关键一环。种类和数量是体现湿地水体水质的重要指标。

鱼类栖息地的营建，首先应保证河流型湿地水域的水质和水体的流动性，水质良好、水中含氧量高是水生生物生存的必要条件。其次，鱼类的食源相对较杂，湿地水域中的生产者如藻类和其他水生植物，初级消费者如枝角类、甲壳类动物都是鱼类的食物来源，有时甚至掉落水体的有机碎屑都可以成为鱼类的食物来源。因此，要保证水体生物多样性，可以通过不同的水深设计、丰富湿地水域生境。通常修复鱼类栖息地有三种方式。

建立人工渔礁。人工鱼礁可以使水流向上运动，促进了水体表流和潜流之间的物质交换，增加了水体流动的复杂性，也为鱼类栖息提供了多样性，有助于增加鱼类数量和种类。不仅如此，人工鱼礁可以保护鱼类不被天敌捕食，同时在阳光强烈及洪水来犯时为鱼类提供避难所，人工鱼礁一般设置于较为平坦且离岸不远的地方。

放置石块群。放置石块群是利用石块群之间大小不一的间隙形成水下复杂结构，同时调整水流的流动，有利于形成气泡、湍流和梯度流速。此外，放置石块在河道内可以丰富水深变化，为鱼类创造出多样的栖息环境。同时，石块的间隙也为部分鱼类提供了良好的遮蔽。放置石块群需在稳定、顺直、坡降介于 0.5%~4% 的较小宽浅式水系中。一组石块群由 3~9 块砾石组成，石块群间距控制在 0.1~1m，并且在平坦断面上石块所阻断的过流区域不应超过 1/3。

两栖动物栖息地营造。两栖动物是水生动物向陆生动物过渡的重要物种。其繁殖离不开水体，例如青蛙产卵与挺水植物繁茂的浅水区，植物可以阻挡水流冲走蛙卵，并为蛙卵发育提供温暖环境。而两栖动物栖息又位于水岸柔软湿润的泥土上，是其捕食冬眠的重要场所。因此，生长于浅水丰富的水生植物及温暖湿润的泥土驳岸是两栖类动物生长的理想环境。

在栖息地修复具体设计时首先可以通过改造浅水区基底，以营造基底丰富度为两栖类动物繁殖提供场所。其次，可以通过人为营造构筑为两栖动物提供生存环境。例如，可以将枯木投入浅水区，模拟自然倒伏的树木，以控制水流流速流向，为两栖动物提供栖息孔隙和攀爬物。此外，当原地形竖向变化较大时，可以利用原自然地形构成若干个不同标高的生长池，生长池平均水深不超过 0.6m，为两栖动物营造人工栖息地。

底栖动物栖息地营造。底栖类动物往往位于生物链的底层，是一个庞大的生态群类。底栖动物栖息地需要很长时间才能修复。其栖息地营造策略主要包括三个方面。第一，要为底栖动物提供充足的食物来源，包括沉积物和悬浮物，可以在湿地内种植枯草、菹草、黑藻等植物。第二，基底除营造松软的基质（如泥沙），还需要设置坚硬的基质（如岩石）。第三，需栽植底栖生物喜爱附着的植物，如芦苇等。

四、湿地修复市场化治理模式探索及关键要素

湿地是地球三大自然生态系统之一，具有涵养水源、净化水质、调节气候、维护生物多样性等多项生态功能，是国家重要的战略性保护资源。然而，随着经济高速发展及城市化进程快速推进，湿地生态系统日益恶化、污染严重，湿地面积大幅受损，生物多样性急剧下降，2003~2014 年间我国湿地资源减少了 339.63 万 hm²，减少率达 8.82%[①]，湿地保护迫在眉睫。开展湿地修复是保障湿地资源供给、维持社会经济可持续发展的有效手段之一，自 2004 年起，国家相继出台了《湿地保护管理规定》《湿地保护修复制度方案》等相关制度规定，要求实施湿地总量控制，开展湿地修复工程，并先后实施了湿地保护奖励、退耕还湿、退养还湿等一系列措施，推动湿地的恢复与保护。然而，相关政策多属于行政命令控制型措施，以政府为主导，修复资金基本依赖于国家财政转移支付，资金投入与需求之间差距大，修复效率相对较低，导致湿地保护与修复效果不佳。继续创新湿地治理模式，保障湿地保护投入，提高湿地修复补偿效率。

20 世纪以来，随着对生态系统服务研究的不断深入，越来越多的经济学家和生态学家

[①] 国家林业局 . 第二次全国湿地资源调查结果 [J]. 国土绿化，2014（2）：6-7.

倡导将生态系统定义为市场中的商品、运用市场及经济激励的方式实现资源环境的保护与修复，制定了以一系列基于市场的环境政策工具，并先后出现了生态系统服务付费、湿地补偿银行、绿色核算等相关政策，这类政策基于市场工具建立了长期保护的激励措施，推动社会资本参与自然资源和生态环境的保护，实现生态保护的正向循环，为资源保护、治理及可持续建设提供了创新。

近年来，市场化理念逐步渗透到我国自然资源环境治理制度改革中，2017年，党的十九大报告明确提出要探索建立市场化、多元化补偿机制，把市场调节纳入生态补偿范围，发挥市场的优化配置作用。2019年，国家发改委印发了《生态综合补偿试点方案》，鼓励地方政府探索建立资金补偿之外的其他多元化合作方式。2020年，国家发改委、自然资源部联合颁发了《全国重要生态系统保护和修复重大工程规划》，再次强调探索重大修复工程市场化建设、运营、管理的有效模式。国家政策对生态补偿的市场化、多元化定位，表现出国家对创新生态环境治理模式、推动受损生态修复的迫切需求。面对日益严峻的湿地修复保护需求及财政补偿资金压力，解析资源修复补偿市场化机理，探索建立湿地修复市场化治理模式具有重要的现实意义。

（一）我国资源环境主要治理模式

根据治理主体不同，我国资源环境主要治理模式划分为政府主导模式、政企合作模式和经济激励模式。

1.政府主导的治理模式

政府主导的治理模式，即政府在资源环境治理中发挥主要作用，通过各项政策规定、政府财政资金转移支付、主导治理工程等方式开展生态治理。政府行政主导的模式是目前我国资源环境治理实践中最常用模式，如政府主导的生态保护区建设项目、"三河、三湖"重点水污染治理工程，以及我国草原、森林、海洋、矿山等领域的生态修复工程等，均属于政府行政主导的治理模式。政府主导的模式在一定程度上能够保护生态环境，但实践中也逐步遇到困境。其中，最大的困境在于治理资金主要依靠政府财政转移支付，资金来源渠道单一，据中国生态补偿政策研究中心统计，2016年中央财政及地方财政投入的生态补偿资金占全部生态补偿资金的99.7%，其他资金来源占比不足1%❶，资源修复治理往往需要庞大的资金，仅仅依靠中央财政和地方财政难以支撑，修复资金需求与实际资金供给相去甚远，且政府主导的治理工程缺乏长效机制，容易导致效率低下、不可持续等问题。

2.政企合作治理模式

政企合作治理模式，即政府及企业等市场主体采用合作模式共同进行生态治理，将由政府承担的公共服务治理责任以合约的形式部分或全部转让给社会力量承担并按效付费或合作共治的运作模式，常见做法包括政府购买服务、政府与社会资本合作的治理工程等，如政府绿色采购、政企业合作的矿山生态修复等。政企合作模式打破了传统环境治理的单一政府管制而转变为公私合作，其优势在于：政府由主导、包揽环境治理到与企业合作，

---

❶ 靳乐山.中国生态补偿：全领域探索与进展[M].北京：经济科学出版社，2016.

将环境治理的具体工作交由专业的环境服务方，充分发挥专业治理方面的综合优势，提高环境治理效率，实现资源治理的效益最大化和效率最优化。但政企合作模式依赖的契约行政，通过招标与第三方修复企业签订协议、购买修复服务实现，目前主要适用于经济效益较弱、纯公益性产品性质的服务的治理。

3. 经济激励模式

经济激励模式是新制度经济学派最为推崇的资源环境治理模式，其以市场为基础，将经济、有效的资源保护、改善环境的责任，借助市场中介，从政府转交给环境责任者。通过完善产权界定，将生态服务或产品转变为可交易商品，利用市场交易和经济激励，引导市场主体参与生态治理，目前主要应用于排污权交易、水权交易等领域。单纯的市场激励实现资源的有效配置依赖于严格的配套制度条件，如完善的产权制度、明晰的市场规范等均是市场激励模式实施的前提条件，只有在满足相应条件的基础上，市场才能在资源治理中发挥作用。

（二）湿地修复补偿市场化治理模式构建

1. 内涵特征

湿地修复市场化治理是指经济活动开发、利用湿地资源的损害方及湿地修复保护提供方，在明确的责任义务基础上，借助市场交易平台，将修复湿地资源作为商品，通过市场交易手段调节湿地开发利用及保护修复所涉及的生态利益相关者之间的关系，落实湿地损害的修复补偿责任，实现湿地规模不减少目标。与政府主导的修复补偿模式相比，具有以下特征：

（1）参与主体多元性

市场化修复模式以开放的市场为基础平台，为更多湿地修复第三方参与湿地修复过程提供条件，且通过市场交易，为资源修复主体提供经济激励，吸引更多社会资本参与资源修复，进而形成了参与主体的多元化。

（2）动态性和激励性

市场化，就是通过市场本身所具有的调节利益的杠杆作用来调节相关事务，是一个动态的过程。修复治理的市场化，以市场调节和经济激励为导向，改变政府行政命令模式，将市场本身所具有的调节利益的杠杆作用与生态补偿机制的激励作用相结合，达到资源修复的根本目的。

（3）循环性和可持续性

市场化修复模式在交易主客体间建立明确的责任义务及供求关系，为湿地损害方提供修复补偿渠道，市场交易活动为湿地资源修复保护方提供了持续的资金支撑，使湿地修复补偿能够循环持续进行，实现对湿地修复的经营模式治理。

2. 思路设计

考虑到湿地资源公共物品特性及市场化的盲目性和逐利性，湿地资源的修复治理仍然离不开政府这只"看得见的手"的作用 ❶，因此，我国湿地修复市场化治理模式可采用政府调控和市场机制相结合的方式（见图 6-1）：引入湿地修复第三方机构开展集中修复，政府搭台建立交易中心，为市场交易提供平台，并对市场交易进行统筹协调和监督管治。通过权责明晰和产权界定，将修复的湿地作为市场上的产品，借助湿地交易中心这一交易平台，出售给湿地占用或损害者。借助市场交易，湿地修复建设方将湿地修复的生态投资转化为生态收益和经济收益，激发社会主体参与湿地修复，通过购买修复湿地，损害方完成修复补偿责任，最终实现湿地"占补平衡"目标，保障湿地规模及生态服务功能不下降。

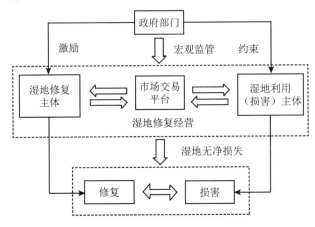

图 6-1 湿地修复市场化治理总体思路

（1）引入湿地修复第三方机构

引入专门从事湿地修复和建设的第三方：湿地修复公司集中开展人工湿地修建、受损湿地修复活动，形成修复湿地供给。湿地修复公司可由具备湿地修复能力及技术的湿地修复技术企业、环保企业、政府部门、非营利组织等组成，获批成立后，开展湿地修复选址，在获取使用权的土地上，开展人工湿地修建、受损湿地修复等工程建设。待工程完成后，将修复补偿湿地作为产品，借助湿地交易中心的交易平台公开出售，获取经济收益，维持湿地修复的持续运营。

（2）政府搭建市场交易平台

由地方政府搭建湿地交易中心，为湿地交易提供平台，设定交易规则，实现湿地等效交易。湿地作为产品进行交易，应设定交易单位及标准，保证等价交易，可借鉴国外模式，设立湿地信用单位，并由政府管理部门组织科研机构或者生态资产评估机构对修复湿地所提供的及被占用湿地所损失的湿地生态功能进行评估，并借助一定量化模型，认定湿地信用数量。湿地修复公司将其修复的湿地，以湿地信用的形式挂牌出售，具有修复补偿义务的湿地开发者，按照湿地交易中心设定的交易规则，直接付费购买相应修复湿地，达成湿地交易，转移湿地修复责任，保障湿地资源不减少、生态服务功能不下降。

（3）促进形成市场供需秩序

市场化机制依赖于自身协调运转，应形成自发的供需秩序，才能保证交易的连续性和

---

❶ 张劲松. 生态治理中的市场失灵及其纠补 [J]. 河南社会科学，2014（12）：1-6.

循环性 ❶。湿地修复补偿市场化交易是湿地损害方和修复方之间的权利义务交易，但在资源修复补偿领域，资源损害方几乎不可能自发形成损害补偿行为责任，因此，需要政府的强制政策约束，即需要通过立法或行政法规的形式，明确对湿地资源造成损害的一方的修复义务，且通过政策执行手段（如设置湿地开发利用许可审批），保障修复补偿责任的落实。另外，湿地修复企业的修复意愿来自经济收益，从这一层面来看，需通过完善资源产权制度，赋予湿地修复公司资源经营权及收益权，保障湿地修复企业在获得能够保障资源生态收益的基础上获取经济收益，以营利性驱动湿地修复企业的修复行为，并不断引导社会资本参与湿地修复，运用湿地修复运营治理的方式，缓解政府财政压力，保障湿地资源的修复供给，平衡经济发展与资源保护关系。

3. 模式构建

（1）参与主体

湿地开发利用者：利用或占用湿地资源开展经济活动的行为主体，其经济活动将不同程度地对湿地资源造成损害，增加湿地生态负担，是湿地生态环境的损害者，按照谁破坏谁补偿的原则，湿地资源开发利用者是湿地损害的补偿主体，负有修复补偿责任，在市场交易中扮演需求者的角色，当自身无法进行湿地修复时，应利用交易市场，向湿地修复提供主体支付资金，购买修复补偿湿地，落实对湿地损害的修复补偿。

湿地修复公司：专门从事湿地修复及运营的第三方机构，在市场化制度推行初期，可以由地方政府牵头，联合湿地修复技术公司、环保公司等共同建立，并通过政府财政激励，引导社会资本注入。湿地修复公司主要开展湿地建设、修复等业务，市场化交易制度中，是湿地资源及生态系统服务的供给者，在交易平台，以一定价格出售修复湿地资产，获得经济回报，将生态投资转化为生态效益和经济效益，实现利益协调，保障湿地修复活动的持续运营。

政府相关机构：市场经济依据经济规律进行调节运转，在补偿交易体系中，政府及相关机构由湿地修复治理的主导者转变为市场交易的指导者，不过多干预微观经济行为，主要职责搭建交易平台、制定交易规则，对市场交易主体进行激励、对交易活动各环节进行监管等，通过其支持及监管作用，保障市场化交易补偿正常运行，提高市场运行效率。

（2）交易运营

在湿地修复市场化治理模式中，湿地修复公司提供修复湿地产品，湿地开发利用者付费购买修复湿地产品，完成对湿地损害的修复补偿；湿地修复公司在交易中获得经济收益，激励继续开展湿地修复保护，吸引社会资本参与，在交易互动激励中实现对受损湿地的修复补偿，保障湿地规模及生态系统服务功能水平不下降。

湿地修复市场化交易运作流程见图6-2，其中，湿地修复公司是市场供给方，湿地利用者是市场需求方，湿地交易中心是市场交易平台，政府部门是整个交易的监管方，借助交易平台，完成修复湿地交易，实现对湿地损害的修复补偿。概括而言，包括资质审核、量化评估、交易运作、市场监督四个方面：

❶ 冯凌，郭嘉欣，王灵恩. 旅游生态补偿的市场化路径及其理论解析 [J]. 资源科学，2020（9）：1816-1826.

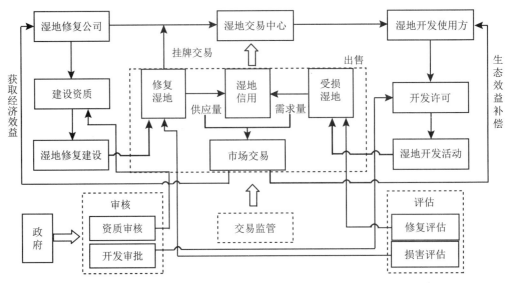

图6-2　湿地修复市场化运作流程

湿地修复公司向政府管理部门提交建设许可申请，获取建设资格后，进行修复建设选址，并向土地管理部门申请土地使用权，此后在该土地上开展人工湿地建设和受损湿地修复等工程活动。

湿地修复公司将修复的湿地存入湿地交易中心集中管理，政府监管部门组织科研机构或生态资产评估机构对修复湿地所提供的生态功能进行评估认定，评估湿地信用数量，将修复的湿地以湿地信用形式在湿地交易中心挂牌出售。

湿地开发者向监管部门申请建设许可，监管部门同样委托监管机构及评估机构对湿地开发者的预期损害进行评估，在湿地开发者无法开展自行补偿的情况下，确定开发者可购买用于补偿损害的信用数量。

开发者从同一生态区内湿地交易中心付费购买相应的信用量，完成湿地补偿责任的转移，获得交易证明，并用于向监管机构申请开发许可。通过湿地交易，湿地修复公司获得可用于持续经营的经济效益，湿地资源开发者完成对损害湿地生态效益补偿，通过修复湿地的经营式治理，保证湿地修复产业的持续运营，同时实现湿地资源的无净损失，保证湿地资源的持续供给。

（3）市场监管

市场不是万能的，市场经济的盲目性和市场主体的逐利性都意味着政府的监管必不可少。因此，政府的宏观监督调控应贯穿湿地修复市场化的全过程，应设立对应的制度管治体系。目前，我国可结合2018年国家管理机构改革，形成由自然资源部主导，联合生态环境部、水利部等部门的湿地补偿交易监管委员会。同时，结合地域差异、职能分工，可在修复湿地交易区设立分委会，进行湿地修复公司建设资格审核、湿地开发者开发许可审批、交易的监管等。同时，湿地交易中心可设置信息网络服务平台，为湿地修复建设企业、湿地开发利用者及政府监管部门提供修复湿地的实时供求信息，整合补偿湿地交易相关支持性服务，降低交易成本，引导湿地修复交易市场规范发展。

第二节　湿地保护与开发利用的原则

一、协调周边环境原则

（一）分析土地利用规划

土地利用规划是指在城市地域空间对土地进行合理的组织利用和保护的经济技术措施，对于城市总体发展、居民生活环境、工业农业生产条件、娱乐休闲活动具有重要意义。同时土地利用规划作为一项对一定土地资源进行时间与空间总体安排和布置的战略措施，其对于土地资源利用方式的评估分析确定了一定发展目标，并进行宏观控制与指导性的规划。

湿地环境作为城市湿地公园的主体，不论是湖泊型湿地、近海与海岸湿地、河流湿地、沼泽湿地还是人工湿地，其大大小小均会涉及不同区域范围内的流域沿边地带、城镇间的分隔带、沿海与沿边地区、自然生态单元与城市建设用地间的绿色交接带等，从生态学出发，这些同属地理区位上的边缘区绿色空间。边缘区绿色空间作为城市土地利用规划的重点对象，以维护保育生态环境、保护土地结构、服务城市为主要职能，能够修复城市生态环境、改善城市生态景观、优化城市空间结构。因此，城市土地利用规划对于湿地这一绿色边缘区空间颇为重视，从实施基本生态控制线、专项城市绿地规划、规定非建设用地、绿化隔离带等，开展湿地绿色空间规划与建设。因此，在对城市湿地公园进行规划设计之初，首先要分析当地城市土地利用规划建设对于湿地区域空间的规划安排，分析其用地性质及未来规划建设定位前景。

（二）规划居民点与社区参与

城市湿地公园的建设除了保护自然生态环境、提供自然游憩体验外，还承担有繁荣区域地方经济、提高周边居民生活水平的责任，因此，城市湿地公园与周边区域居民自身以及居民生活息息相关。

周边居民作为一个组织、群体，在城市湿地公园规划设计中，需要进行居民点调控规划。在城市湿地公园居民点调控规划时要遵循三个原则，首先，控制湿地公园周边区域内的人口规模、保护湿地生态环境；其次，兼顾周边居民权益以及改善居民生活品质，最后合理组织居民点系统。在控制原则之下，需要具体的调控措施来进行规划设计，在对城市湿地公园区域的人口居住分布进行分析的基础上，根据公园景区需要划定有无居民区、居民衰减区以及居民控制区，同时调查周围是否存在污染点，对环境污染产生影响的工农业项目等应采取关停措施，同时对周围村落根据湿地公园环境特点、区域人文特色等进行分期改造，对原有的村庄根据不同的场地特点建立具有不同特色的景观类型，从而加强周边社区与城市湿地公园之间的互动，将城市湿地公园的生态效益、经济效益辐射到周边社区、聚落乃至整个区域、整个城市，形成社区参与的良好氛围感，扩大生态旅游、历史人文的协同发展影响力。

二、维护生物多样性原则

（一）恢复湿地原生生境

生境是指生物或生物种群生活生长所需要的生态环境，恢复湿地原生生境包括湿地基底恢复、湿地水源条件恢复和湿地土壤环境恢复三个方面，恢复的主要目标是通过各种措施改善湿地原生生境的生态异质性和稳定性。

1. 湿地基底恢复

湿地的基底恢复需要采取相应的工程措施来对湿地地形、地貌进行维护与适当的改造，同时维护湿地基底的稳定性，保护湿地固有面积，减少湿地损耗。

2. 湿地水源条件恢复

水作为湿地的重要因素，湿地水源条件恢复通常包括水文条件恢复和湿地水域水质量改善，具体包括水体循环和水体质量。

恢复水文条件需要恢复湿地地表水循环，首先改善湿地地表水和地下水之间的关系，以保证湿地地表水和地下水的互补性，确保公园地下水位的平衡；其次保证湿地内的水体与周边地区的湖泊水系的水体循环畅通，可以通过抬高水坝水位、修建引水渠等工程对湿地公园内部的排水、饮水系统进行完善来保证湿地水的自循环，以及与周边水系的循环性，确保湿地水资源的合理与高效利用。

恢复水文条件的同时需要改善水体质量，湿地水体质量的优劣随着湿地大小的变化而变化，要解决湿地水体污染问题必须先从根本上切断污染源，严格控制园内包括周边水系的污水排放，严格控制水源水质。同时采取生物方法、化学方法、物理方法来降解水中的污染物，改善方法包括污水处理技术、水体富营养化控制技术等。通过人为地疏通河道、清除底部淤泥等，加强湿地水体的生态系统自我循环修复能力，使水体生态系统中的各种生物群落发挥效用，使湿地水体通过一定自我清洁修复作用从而达到疏解污染物的效果。

3. 湿地土壤恢复

湿地土壤为湿地植物生长提供了必需的碳源，也为植物生长提供了其他养分元素，同时湿地土壤也是土壤微生物和土壤动物的生活基质。在湿地生态过程中，由于湿地土壤分解有机质的速度较慢，在植物生长、腐烂等过程中土壤积累了大量的无机碳和有机碳，因而，有机质和泥炭层起到了固碳的作用，影响湿地生态系统的生产力。湿地土壤恢复包括土壤污染控制、土壤肥力恢复等。对现有湿地生态系统土壤结构进行保存与保持，首先需要保护现有尚未遭到破坏的湿地土壤结构，同时修复遭到污染、破坏的土壤结构。由于湿地土壤对湿地生物的生存具有重要影响，对于湿地土壤中的生态系统结构与功能的恢复至关重要，在规划中，需要将湿地中土壤环境较为敏感的区域通过分级、分区管理，同时建立外部缓冲区，将土壤敏感性较高的区域严格保护起来，再通过植物、土壤微生物、动物等反作用来对土壤中的污染物质进行分解、吸收，从而改善土壤质量、增强土壤自洁能力。

（二）丰富植物结构与植物群落

湿地植物作为湿地系统的重要组成部分之一，不同的植物种群构成不同的植物群落，能够净化、利用、吸收湿地环境中的一部分污染物质，同时为湿地动物提供栖息环境和食物，与动物群落一起构成生物群落，增加湿地环境景观性。

湿地中的植物群落按生长习性大致分为陆生植物与水生植物，陆生植物种群与水生植物种群构成了具有多层次的群落结构，为湿地增加覆绿的同时增强湿地生态系统的生态循环能力；其中水生植物又可分为水生维管束植物和高等藻类。水生维管束植物具有发达的机械组织，植物个体高大，可分为沉水植物、挺水植物、漂浮植物、浮水植物。由于湿地表层长时间处于积水态势，湿地植物中水生植物在植物种群构成中具有较大优势，而湿地水生植物能够有效地提高湿地的净化能力，湿地水生植物在湿地植物种群结构中占据重要地位。

在城市湿地公园规划设中，由于不同湿地所在环境的气候条件、土壤条件等均不相同，原生长以及适宜生长的湿地植物种群类型不尽相同，在公园保育区域，植物结构与植物群落主要依靠湿地环境本身的植物群落演替发展；而在缓冲区以及保护利用区域则需一些人工干预进行植物结构与植物群落设计，此时要遵循因地制宜的基本原则，尽量选用乡土植物，对于现有长势良好的植物群落予以保护，防止破坏，在此基础上进行部分补充。由于完善的群落结构能够提高生物多样性，生态系统组成越复杂，稳定性越高，对于遭到破坏的植物，恢复植物群落应从群落层次结构出发，注意各结构层次、物种层次间的搭配，如乔、灌、草，水生、湿生、陆生，常绿与落叶，速生和慢生活的搭配，完善群落结构层次、丰富群落多样性。

在人工进行植物群落配置时，由于植物的生长发育特性各不相同，不同立地条件对于不同植物在不同生长发育阶段产生不同影响。不同地区的温度、光照等非生物因素各不相同，需综合考虑植物生长所适宜的温度、光照情况等。不同植物对于水分的需求也不尽相同，因此对于植物种类首先要根据湿地环境因子进行选择，选用乡土适宜性植物物种，外来植物也应选择易于引种驯化的种类，尊重植物群落演替方式。

例如，在湿地公园中湿生植物、水生植物对于水深条件的要求不同，植物种类应根据不同立地的水分条件来选择。沉水型植物要求植物能完全浸没水中，同时水体要保证一定的可见性。

对城市湿地公园中的植物群落结构在按照植物生长适宜性配置的同时，也需要考虑到城市湿地公园作为湿地生态系统所发挥的改善区域小气候、净化污染等效能，在选择植物种群时应将植物功能性纳入考量标准，选择对于污染的环境均能展现一定抗性并进行净化的植物。

（三）保护营造野生动物栖息环境

湿地中生活着大量的鱼类、哺乳动物、鸟类、两栖爬行类动物，它们作为生态系统的组成部分，合理营造适于动物生存的生境，能够有效增加生物群落丰富度。在保护原有栖息地的基础上，规划需要为湿地生物增加更多的栖息地。首先是对于湿地栖息地的选择，要求最大限度地减少外界干扰，栖息地选址应在远离外界干扰的地方，在核心区或缓冲区内营造除原有栖息地外的新的栖息地，同时对原有栖息地进行保护。当生态系统未超负荷时，生态系统具有一定的自我修复能力，在一定时间内能够恢复栖息地环境结构；当生态系统超负荷时，只靠自然本身很难修复，自然修复时间将无限延长，从而导致栖息地环境的不可逆转化损伤，此时应通过人为干预使之恢复。根据生态学基本原理，恢复栖息地生态系统结构和功能，与植物群落演替一样需要遵循生态系统的演替规律来进行。

陆地生物栖息地应按照自然生态系统的结构，以乔、灌、草等构成完整的结构层次，为野生动植物的隐蔽性提供繁殖条件，增加植物的物种多样性。例如，采用金银花、胡桃等可提供食物来源的树种为动物提供食物。

湿地生物息地主要是为湿地生物提供栖息环境和食源，湿地生物栖息地应根据本地区出现的生物种类营造出不同水深、不同滩涂类型的栖息环境。例如，鸻鹬类偏好大面积的季节性裸滩，雁鸭类偏好有水、植物茂密、生境复杂的水域等。

水生生物栖息地为鱼类等水生生物提供多样的水生空间，主要通过丰富水生植物、增加遮蔽物进行恢复和营造，建造过程中，改变基底结构，创造不同水深和流速的条件，增加水生生境的多样性，同时还可种植不同生态型的水生植物，利用人工浮岛或鱼巢作掩护，为水生动物和两栖类提供栖息和繁殖的场所。

人工干预恢复湿地环境内的栖息地，首先需模拟湿地自然系统的原有形态和生物的分布格局，同时设置分散的小型岛屿栖息环境，来避开其中一些敏感易受干扰的区域，分散的湖泊岛屿形成了水陆交错的格局，为多数野生动物提供了栖息地；其次是栖息地的布置设计，根据湿地的不同类型、不同地区的动植物资源，引入合适的动植物资源，研究湿地野生动物的生活习性，设计适宜其生活繁衍的栖息地环境，使栖息地中野生动物间形成稳定的食物链，保证设计好的湿地生物栖息地能持续运行，从而完善湿地生态系统，恢复湿地生物多样性。最后将湿地生物栖息地分为功能核心区、观赏区和保护林带，在动物栖息地周边设置驳岸、缓冲带等来减少人类对动物生活的影响。

三、提升景观效果原则

城市湿地公园作为以湿地为主体景观的兼具休闲、娱乐、生态保护等功能的场所，其所展现的湿地自然景观，能够为游人提供极大的视觉享受与身心体验。在城市湿地公园景观设计中需要注重对于湿地自然景观的维护与营造，其中主要包括湿地水体水系景观、湿地植物景观以及湿地岸线景观空间。

1. 营造多样的水体景观

水体作为湿地生态系统的重要组成部分，梳理与利用水体环境对于湿地的保护与发展具有重要作用，同时水系水体也构成了湿地景观的主体。因此，水系水体的景观规划设计在城市湿地公园建设中的地位显得尤为重要，在湿地水系景观设计中可以通过拓宽河面、疏通改造河道来提升水体的整体形象，同时结合场地现状情况，尊重水体的自然形态，依据自然规律，遵循"化整为零、化直为曲"设计原则，营造萦回盘绕的水体形式，通过蜿蜒的水面来减缓水流对驳岸的冲击，使河床结构稳定而形成漫滩、河湾、岛屿等空间，同时设置桥梁等分割水面空间，丰富湿地空间组织形态，并在湿地水体上游区域通过植物净化、缓流等方式来保证水体质量，沟通联系沟渠和池塘，收聚小水面，使沟渠、池塘间的水活起来，增强水景表现力。

例如，在水体与陆地的过渡地带设置生态防洪区，同时在湿地内部人工开挖小型的湖泊池塘，并依据地形地貌将各个小型水体相互沟通连接，使整体水系形成动态的水循环，在改善水质量的同时，营造具有丰富空间形态的湿地生态系统景观风貌。

2. 营造丰富的植物景观

植物作为城市湿地公园景观风貌的重要组成部分，具有调节小气候、涵养水源等生态功能，同时从景观的角度出发，其也为城市湿地公园营造了丰富的景观空间，因此在设计时应当注重植物物种的多样性，整体上构建"乔木—灌木—草本"复合层次的群落结构，同时由于城市湿地公园中的湿地环境特点，其中植物景观大致分为水生植物景观、岸线湿地植物景观、湿地陆生植物景观、地被植物景观、乡土花境景观、观赏草景观等类型。水生植物景观根据水生植物类型的不同分为挺水植物景观、浮水植物景观、漂浮植物景观以及沉水植物景观。

在水生植物景观的营造中，需要将这四种不同的水生植物进行组合种植，挺水植物以亭亭玉立的姿态展现立体空间的景观效果，浮水植物以色彩多样的花朵与美丽的叶片来丰富水面景观，漂浮植物则增加动态景观效果，沉水植物营造幽深神秘的景观氛围。

湿生植物景观则是在水体空间向陆地空间过渡区域内的植物景观，在植物配置时需要考虑水体、水生植物与岸线植物的关系，从美化和柔化水体岸线出发，使湿生植物景观与水生植物景观融为一体，二者相互配合、相得益彰。

城市湿地公园中的陆生植物景观在设计中需要以多种植物群落组合配置，营造优美、和谐的湿地植物景观。地被植物景观设计中以种植不同叶色、不同花色花形的地被植物为城市湿地公园增添绿化覆盖率的同时，展现不同季相变化的不同景观效果，并与灌木、乔木相互搭配，丰富景观层次。

乡土花境植物景观在营造中选用具有趣味性和自然美感的乡土花卉植物点缀于林下或者水系边缘，以展现丰富多彩的组合群体美。观赏草景观需要以不同品种的、千姿百态的观赏草植物为组合，打造多种多样的造型，以轻柔的质感与纤细窈窕的姿态给城市湿地公园增添生机。

3.营造多样的岸线空间

岸线作为城市湿地公园中水生环境与陆生环境的交界，由于水岸线存在一定周期性变化，驳岸的规划设计需要考虑生态因素，但与此同时，岸线作为城市湿地公园建设中一个重要的景观构成，要尽量营造接近自然化的驳岸形式，以此来展现湿地景观的自然特色，一般采用具有可渗透性的生态化驳岸，在发挥防洪、护堤作用的同时，提供游览观光的亲水空间。因此，在岸线空间设计时考虑到兼具生态与景观效果，可选用以下四种类型的岸坡。

（1）缓坡生态型

缓坡生态型适用于岸边场地空间较宽敞的区域，具有良好的亲水性与自然生态性，实现方式较为简便，可通过平整土地实现。

（2）砌石型

砌石型适用于空间有限的岸边，能够抵挡水面的冲刷，兼具自然生态和景观效果，可通过木桩或块石制成。

（3）复合型

复合型能够适应不同水位，既满足游人活动需求，又对水流冲刷具有一定抗性，兼具生态和景观价值。

（4）阶梯平台型

阶梯平台型能够为游人提供亲水活动空间，适合水位升降变化小、人流集中的区域，具有较为良好的景观效果。

4.构建湿地人文景观

城市湿地公园中蕴含着深刻的湿地文化特征，因此城市湿地公园内所展现的人文景观对于增强城市湿地公园景观效果、完善游览者游赏体验具有重要作用。在城市湿地公园的人文景观构建中，一方面要体现湿地历史文化，另一方面要展示居于地域特色的湿地地方民俗风情。

（1）体现地域历史文化

城市湿地公园中的湿地历史文化包含湿地本身所蕴含的文化的展示以及该湿地区域下的历史文化的景观化表现。湿地由于具有丰富的物质资源并且离不开湿润而来的江、河、湖、海而成为诸多人类文明的发源地，同时也是文化的诞生地，如古代两河流域文明（包括美索不达米亚文明、巴比伦文明）、恒河文明、尼罗河文明、长江—黄河文明等，不同区域的湿地分布类型有不同的形态与生物多样性，其所包含的地域历史文化存在明显差异，同时不同的地域历史文化也影响该区域的城市湿地公园景观表征。

城市湿地公园所蕴含的地域历史文化的景观化主要体现在公园内的建筑楼台、桥梁、庙观以及各种文物遗存等，因此，在城市湿地公园景观规划设计时，要注意不同特色区域的划分，以此适当保留并展现湿地文化特色，同时对区域内的古迹遗址等加以保护，新建造的服务类建筑、桥梁等与区域文化历史特色相协调，立足历史文化，还原历史文化风貌，展现地域特色。

（2）展现地方民俗风情

不同地区的城市湿地公园由于立足于不同的地域环境，所包含的地域民俗特点不尽相同，因此在城市湿地公园观光游览区域内所展示的民俗风情也不尽相同，设计充分挖掘场地内的地域文化特色，结合现状资源特点，通过艺术化的设计手法梳理民俗景观，塑造别具一格的民俗景观形象，包括湿地农耕民俗、湿地渔猎民俗、湿地养殖民俗等，例如苏州太湖湿地公园对部分农田进行改造，错落有致地种植水稻、茭白、菱角、玉米、油菜等作物，同时在游赏区域内适当开展垂钓活动、采摘活动和农耕活动；将湿地资源与地方餐饮文化相结合，开发系列特色餐饮产品等，使游客能够充分感受当地原有居民的生活、生产方式，体验独特的地域民俗风情。

四、产业发展与湿地保护结合原则

（一）开发湿地保护科普教育产业

城市湿地公园的一大功能是进行湿地科普教育，因此，在不影响湿地自然生态系统与野生动植物生长生活条件的基础上，围绕湿地环境、湿地野生动植物等开展相关的湿地科普活动。划定湿地科普教育功能区，规划湿地科普观光线路，欣赏野生动植物；兴建湿地科普教育场馆，通过宣传展览、影片放映等方式，科普相关湿地系统知识与野生动植物知识；同时营造不同类型的小型人工湿地环境，模拟湿地生态运作机制，加强人们对湿地生态系统的认识与理解。将科研科普与观光游览相结合，使游览者了解湿地知识、感受湿地生态系统的巨大作用，把科学研究知识普及推向社会公众展示湿地生态保护和恢复、湿地科学研究和科普教育以及湿地生态监测和预警等方面的成果，并以科技、科普教育周、全国科普日等主题活动为载体，进一步推进环境科普教育工作。

（二）协调经济产业，开发生态产业

城市湿地公园除却生态保护的功能外，其观光游览的作用也占据着极大的份额，因此在对城市湿地公园进行湿地生态环境系统保护的同时，注重发展城市湿地公园的旅游经济产业，对城市湿地公园建设中一部分能够成为观光休闲的经济产业可以进行适当保留改进与发展。基于城市湿地公园中的自然湿地风貌，打造湿地景观观光游览体系，并结合城市湿地公园所在地理区位的地域特色，开展游览活动，如售卖特色民俗商品、举办民俗活动等。除了城市湿地公园的旅游经济产业其中包括旅游经济产业和生态景观农业，湿地由于同时具有水体环境、半水体的湿生环境以及陆地环境的特点，因此在湿地内部或是环湿地区域早期存在农田、鱼塘等农业产业，农业生产对湿地土壤、湿地水质产生的影响相对于工业生产排放的污水较小，并且所使用的大多为河泥、草塘泥、绿肥、鱼粪、饼肥等有机肥料。在进行城市湿地公园建设时可以保留一部分农田、鱼塘等，用于观光农业的生态发展，同时以地域民俗特色为基础规划体验区、定期开展各种观光活动，使城市湿地公园经

济产业发展与整体发展相协调。

（三）打造公园信息系统

随着城市化进程的不断发展与科学技术水平的不断提高，智能化控制与管理得到了广泛的应用，智能化设施与系统也逐渐被引入公园的规划设计中。在城市湿地公园的建设与发展中，引入智能信息化管理系统，能够有效管理湿地公园整体运作、提高管控能力，并为其保护发展提供科学数据信息。

首先，在智能化监测、管理方面，使用照明的智能化控制、植物的智能化灌溉、空气环境质量的智能化监测、水位的智能化监测以及全区导览系统的智能化展现等，建立智能化的应用信息系统，整合景区资源，实现全园信息共享，创新管理模式，以对城市湿地公园内的湿地生态环境进行实时监测与管控。

其次，将城市湿地公园中原本分散化管理的各部门的松散管理转化为协同联动，多级分层管理转换为扁平化一体管理，粗放式管理升级为精准化管理，以实现"智慧化的资源保护，智能化的经营管理，信息化的产业一体化"的智慧化改造。具体包括建立完善的计算机网络管理系统，实现从票务、广播、GPS 旅游车辆管理到 GIS 地理信息、信息收集再到信息发布等全过程的智能传输，实现远程管理、智能无纸办公、智能化管理工作模式，同时建立智能化监控系统，远距离、实时地观察监测景区客流，监测景区主要出入口客流，提高对各种突发事件的快速反应能力，建设智能化广播系统，实现智能化票务管理，提高票务管理效率，提高对进出景区游客的统计分析水平；同时实时提供景区旅游管理决策和防范重大事件的基础信息；建立完善的网上电子商务平台真正实现网上支付、网上购票、网上订票、酒店预订等在线智慧化支付预约，同时实现对景区车辆运行线路及运行状态的实时监控和定位，加强湿地公园的系统化管理。

五、湿地共生原则

（一）湿地共生设计的主要内容

1. 湿地共生设计的目的

理解湿地公园的内涵：湿地公园是对破坏的湿地环境的保护和利用的平衡点。因此湿地共生设计的最终目的可以以保护和利用这两个名词来高度概括，具体体现在以下 3 个方面：

①以湿地区域的生态环境保护为核心，实现湿地生态修复和可持续发展湿地资源的合理利用应建立在湿地生态环境保护的基础上，同时将带来的效益和价值反哺湿地生态的营建与修复，拒绝"为了保护而保护"的封闭状态，也要拒绝过度建设而忽视保护，应平衡这两者的交叉点，以保护为前提合理建设，最终达到可持续湿地发展的要求。

②实现湿地资源的合理利用，创造多方面价值。

合理利用场地内的水文资源、土壤资源和植物资源进行水域的合理布置，利用湿地水体的自净能力结合适量人为设计的人工湿地对水体进行净化，实现公园内部用水的自给自足。

合理运用动植物资源，结合生态农业、人工养殖进行适度商业发展。通过桑基鱼塘，基围鱼塘等生产型湿地形式，形成特色农业景观并带来一定的经济效益。合理利用湿地水文资源、植物资源、动物等自然资源开展科研与文化教育活动。设立湿地学研中心、湿地气象与鸟类观测站，爬行动物馆等科普机构，为湿地中各学科的研究学者与学生、广大游客与市民提供汲取湿地知识的平台。

③合理赋予公园职能，实现湿地展陈，满足人们游憩、赏玩的需求。

2. 湿地共生设计的意义

将湿地视为共生整体，以共生理论来阐述湿地公园的营建设计，具有较为直接的现实意义：避免了单一元素影响下产生设计扁平化、片面化问题。目前，较多湿地公园设计实践集中于探讨水鸟栖息地的营构问题，以此为例，却容易忽略水深、水位和水动力等水文要素对水鸟栖息地构建的影响，从而使整体某部分可信度欠佳。

共生设计体系提出的量化模型和计算方法具有实用价值。结合各学科的计算、量化模型，进行湿地公园量化架构后，整体规划方案科学性、精度、准确性大幅提升，且操作便捷，易于复制，可作为日后湿地公园营建的基本纲要。

间接意义：有利于湿地生态系统的重建和恢复工作。湿地公园建设用于开展游憩活动，同时保护湿地基质，合理、科学地规划湿地公园将在两者之间取得平衡点，有助于提升公园的游憩服务功效，同时保障湿地生境恢复。

3. 湿地共生设计的具体内容

湿地公园的构成内容包括湿地自然生态系统要素与人为干扰要素。

湿地的自然生态系统由生物要素和非生物要素两个部分共同组成，生物要素是指那些生活在湿地内部，或者那些具有短暂的湿地生活历史的生物，主要由动物和野生植物组成；非生物要素是指除生物要素外的所有湿地组织构成的要素，包括水、土壤、气体等。对自然生态要素方面进行设计前的定量模拟和指导是共生湿地设计最重要的内容之一。

湿地的自然生态系统中，水文要素起到了主导和决定作用，它对生物的作用不言而喻，缺乏水这一要素任何生命活动都不成立，反过来生物又和土壤基底要素联合作用调节、净化水文要素。三者这种密不可分的关系形成了稳定的湿地生态关系（见图6-3）。

典型湿地的自然生态系统中，存在若干必要要素，如水要素、土壤要素、植物和动物要素。因此，对湿地的共生设计应在重建和保护自然生态系统的前提下，考虑从湿地水环境设计、湿地土壤基质修复、湿地植物群落修复和规划、湿地动物栖息地营建等方面展开，见表6-1。

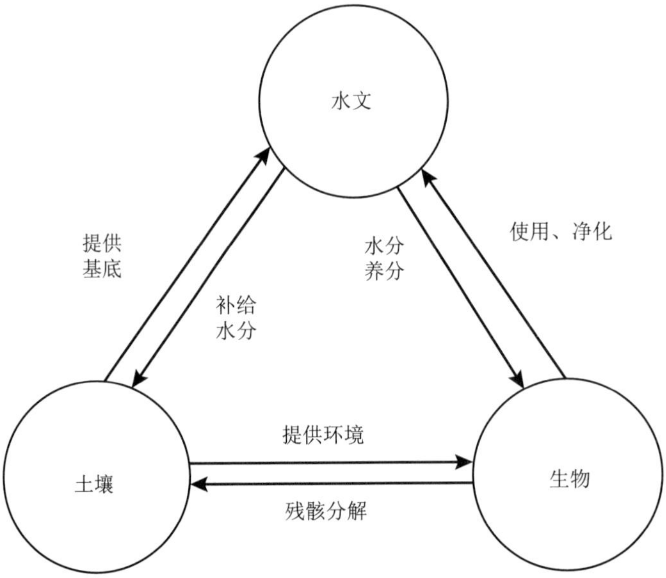

图 6-3 水文、土壤、生物三者关系

表 6-1 共生湿地设计内容

一级分类	**重建、保护自然生态系统**						
	非生物要素				**生物要素**		
要素分类	湿地水环境设计			湿地土壤基质修复	湿地植物群落修复和规划		湿地动物栖息地营建
具体内容	雨洪调蓄收益	水质净化效果	水质净化效果	主要通过结合水环境与植被进行基质修复	植物资源考察与群落分析	结合水环境与动物生境需求	动物资源考察栖息适宜性分析与设计指导
设计量化方法	人工净水湿地设计面积量化（速率计数法）				人工净水湿地设计面积量化（速率计数法）		生境适宜性研究体系 HSI

湿地公园的建设工作或多或少会对湿地自然生态造成影响，此处将人工建设归类于人为干扰部分。人为干扰部分分为建设与人类活动两部分，其中建设包括道路修筑、建筑与构筑物设置、地面铺装和多种管线、地下井工程等。人类活动包括近距离的惊扰和中远距离的噪声干扰等，人为干扰越强，动物警戒状态时间越长，引发大量侵占动物基本行为，如觅食、繁育的时间。

对多种人为干扰的排除是共生湿地设计中不可或缺的内容，通常通过设立隔离保护区、设置外围游览线路、减少人工建构和工程数量来达到排除干扰的目的。

（1）共生水环境设计

湿地共生水环境设计主要包括水位水量、水系组织、水质净化三个方面，见表 6-2。

表6-2　湿地共生水环境设计内容

	一级	二级	具体措施
湿地水环境设计	水位水量	水位调整和水量补给	合理设置水闸；增加生态驳岸的应用；减缓水体流速以沉积泥沙；河道疏浚并充分利用汇水
		雨洪调蓄	针对布置防洪区域和蓄水区域，稳定湿地水量
	水系组织	水系断面、岛屿设计	增加水体基底地形变化，设计生态岛以减缓基质流失，补充土壤基质的沉积
		水域驳岸设计	应采用自然式驳岸并布置植物群落减缓水流对水域边界的冲击
	水质净化	水域分隔连通	实现大小各一、动静深浅多样的水体形式
		控制污染输入	控制工业输入，划分农业生产型湿地范围
		提升自净能力	主要通过改善基质、增值人工湿地并布置植被实现

（2）共生生境设计

湿地共生生境设计主要包括自然要素、人为要素两个方面，见表6-3。

表6-3　共生湿地动物生境构建内容

自然要素	非生物要素	水体	水深设计、水质要求、流速控制、水域面积及占比规划、岸线设计等
		土壤基质	水体基底设计、陆地地形设计等
	生物要素	动物	天敌威胁控制
		植物	食源植物种植、遮蔽种植设计、植被覆盖率控制、植物高度控制等
人为要素			生态岛设计与改造、人为干扰距离控制生境斑块优化设计等

（3）共生植物种植设计

湿地共生植物种植设计主要包括：

根据湿地类型筛选合适的湿地植物，根据场地实际植被群落和植物分布情况作为基底，根据地形水深布置湿地陆上植物和水生植物种植空间。

根据动物生境构建需求筛选植物：植物高度、植被覆盖率。植物群落结构和空间郁闭度、鸟嗜、食源植物、昆虫生境寄主、蜜源植物。

（4）共生湿地公园入境（游境）设计

湿地公园入境（游境）设计主要包括：湿地公园湿地建筑景观规划、人类活动控制、附属和人工设施布置以及其他工程安排。

（二）与水共生（共生湿地水环境设计）

1. 共生湿地环境中的水和基底要素

湿地水域是由各种天然水体生态元素组合构成的，该要素是湿地立足的根基，缺失了水的要素，湿地难以成立。水文条件是评价水生态和湿地生态系统健康的重要指标，也是土壤性质、植被结构和动物栖息地选择的决定性因素。水文条件包括水质、水深、水文周期、水位、汇水面积等内容。水系统各要素与其他要素相关联。

湿地土壤（下文统称为基底）是指湿地中厌氧化育的土地介质层，通常具有长期浸渍导致有机质嫌气分解从而形成潜育化特征。湿地土壤也是湿地自然生态体系中重要的构成部分。湿地基底可以作为水体和动植被的基本物质，具有通过调配土壤和地表径流，分解污染物来净化水质，稳定动植物群落的构成与演替等功能（见图 6-4），也就是具有保护自然环境、维护动植物种类的多样性、多孔隙的土壤层分流地面径流和下渗储存多余水分、固定和降解污染物、存留历史文化遗迹等功能。

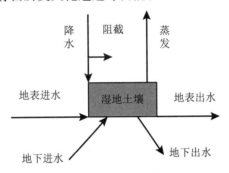

图 6-4 湿地土壤水循环关系

土壤基底和植被水体常密切构成植被—土壤基质的植物群落系统或水体—土壤基质的水域生态系统，多样化湿地的水体基底环境对水文条件造成多样化影响。湿地水体基底根据水系形态可以分为江河型、湖泊型、农田型和滨海型水体基底。其中农田型基底土质较差，植物生长不良，应与湿地景观营造相结合，退耕还湖，还原湿地的生态功能。

湿地中的水体基底大致分为"锅底型"和多样化类型两种，"锅底型"水体基底水下坡度较陡，不利于水生植物扎根。而多样化水体基底水深变化丰富，因此多样化水生植物均能生长，带来了更多的浮游生物和鱼类，也为涉禽提供了捕鱼时的立足之地。对"锅底型"水体基底的改造措施主要有堆土、坡面整地等，形成多样化水深环境以及更强的生态功能。湿地中的陆上基底自水体到陆地一般有浅水水生植物区、泥滩裸地、灌木湿地区和林木区。根据湿地类型与水文条件，各区域的宽度和面积呈现多样化趋势，以滨海湿地为例，潮汐影响下水位变化快，冲刷严重导致浅水植物区域面积降低，泥滩裸地区域面积增加。

2.共生湿地水环境设计原则

（1）针对水环境退化原因，标本兼治的原则

不同水环境退化原因不同，设计时应充分考察场地水域，明晰水域退化的根本原因，选择不同的有针对性的湿地修复方法，由此从根本上解决水环境退化的问题。

（2）恢复湿地水体功能为主，整体协同的原则

湿地水环境设计时，应在注重水体生态功能的恢复的同时恢复土壤、植被和动物生境。多者协调统一，切勿顾此失彼，使得湿地整体生态系统服务退化。

（3）自然做功优先，适量人工干预的原则

以水域边界的岸线修复为例，根据驳岸受到水流冲刷力度的强弱，施以不同强度的人工干预。如果水文周期变化条件不稳定，水位涨落紊乱而不可预计，导致岸线侵蚀严重，

自然驳岸的植物和基质作用已不能满足维持岸线完整度的需求，此时应果断采用硬质块石人工驳岸的形式，缓流护岸，维持水岸形态完整以及水域功能健康。

（4）遵循水体水文条件，因地制宜的原则

由于湿地环境具有高品质性，不同区域的水深、水量、水质均呈现不同的特点，水环境设计时应充分考虑特殊区域的水文条件，如水深涨落范围、丰水期淹没范围，基底形态等因地制宜地进行规划设计。

3. 共生湿地水环境设计内容

湿地水环境，即湿地水生态系统的保护和修复设计能有效地促进湿地公园与水的和谐共生关系，水量和水质则是最重要的两个组成部分，维持丰沛的湿地水量、稳定的水位周期变化可以减缓湿地的陆地化演替，良好的水质能促进植被群落的稳定，从而维持独具风貌的湿地景观。因此，共生湿地与水共生的设计内容主要包括雨洪调蓄收益和水质净化效果的定量设计和评估。

除了水量、水质外，水系组织设计也是湿地水环境设计不可或缺的内容，通常通过园林规划与水文学结合来设计。合理的水系组织设计能在很大程度上提高水量控制和水质净化的实现效果，主要包括竖向上的水域断面和生态岛屿布置；平面上的驳岸与水域边界设计；水域的流通和分隔规划。

六、典型湿地修复案例分析

（一）鹤壁淇河滨河湿地修复

1. 鹤壁淇河滨河湿地概况及生态问题

淇河，我国华北地区河流海河水系的南运河水系支流卫河的支流。发源于山西省陵川县方脑岭棋子山，流经山西省陵川县、壶关县，河南省辉县市、林州市、鹤壁市淇滨区、淇县、浚县，淇河全长165km，流域面积2124km²，多年平均径流量3亿m³。鹤壁淇河国家湿地公园位于河南省北部淇河的中下游河段，鹤壁市淇滨区与淇县交界处。淇河滨河湿地包括淇河河床、河漫滩、河岸坡地及少量丘陵岗地，坐标东经114°10′35″~114°13′24″，北纬35°48′02″~35°45′20″，南北跨度5.0km，东西长4.3km，公园面积为332.51hm²，其中湿地面积为270.76hm²，湿地率达81.43%。淇河素有"北国漓江"的美誉，淇河水含沙量小，水流清冽，水味甘甜，水质可达国家二类标准以上，而淇河滨河湿地区域内风景优美、生境复杂多样，生物多样性丰富，但随着经济的发展，人类长期以来的过度开发，导致滨河湿地受到严重破坏。

淇河滨河湿地存在以下问题：

由于在淇河干流上兴建了许多水利工程，如各类水库，各种规模的拦河大坝等，在淇河沿岸大力兴建工厂，使淇河的用水量激增，这极大地改变了淇河流域的水文条件，造成淇河年平均径流量不断减少，湿地面积萎缩。

由于淇河沿岸的管网系统不够完善，污水处理工艺不够健全，使未经处理的污废水排入淇河支流，导致水质变差。

人们对淇河滨河湿地的植被严重破坏，过度畜禽养殖，过度开垦，使淇河湿地水土流失严重，生态环境遭到破坏，大量野生动物栖息地丧失。

2. 淇河滨河湿地的生态修复

对于淇河滨河湿地修复，我们要科学规划其修复方案，以促进人与自然和谐相处为原则，对淇河水生态系统进行有效保护。淇河滨河湿地的生态修复主要是针对上述生态问题分别从水量恢复、水质保护、物种修复三个方面进行的。

在水量恢复方面，其修复目标是要使淇河年平均径流量恢复到与 20 世纪 80 年代流量相当，即现状流量的 1.8 倍。具体要做到"节流开源"，对于"节流"，即我们要深度解析淇河水量减少的原因，采取相应的补救措施，由于沿河的工业、农业发展导致用水量增加，我们需要优化工厂的节水设施（用再生水置换部分工业用水）及农业的灌溉设施（用滴灌、喷灌等节水灌溉方式）。对于"开源"，由于淇河上游修建拦河大坝、水库，导致淇河滨河湿地水量不足，我们需要增加水库的下泄流量，补充河道生态用水；从其他流域中调水，补充河道生态用水。

在水质保护方面，其修复目标是水质达到国家二类水标准，饮用水水质 100% 达标。我们识别需要重点保护的区域，对流域进行生态分级控制。具体将淇河滨河湿地进行区域生态划分：淇河沿岸 300m 范围内，作为核心生态保护区，严禁任何人为开发；淇河沿岸 300~1000m 范围内，作为重点生态保护区，原则上禁止开发；淇河沿岸 1000m 之外到滨河湿地边界，作为保护协调区，可以进行合理开发，但要配套严格的污染防控措施，要符合淇河生态环境保护的要求，尽可能搬迁流域范围内污染淇河生态系统的原有企业，在工厂附近设置污染拦截沟，废水经处理后排至取水口下游。

在物种修复方面，其修复目标是使淇河重新成为鸟类迁徙的重要栖息地。首先要拆除淇河滨河湿地内原有的水工构筑物，这样势必会使上游的沉积物随着河流向下冲刷，进而导致下游产生大量的动植物和微生物，建立新的湿地生态系统；其次我们在淇河沿岸种植一些具有恢复潜力的本土树种，如柳树、丁香、柿树、枫杨等，加快淇河植物群落恢复，并防范外来物种入侵；在湿地缓冲区种植一些适合本土的水生植物，加强湿地生态系统的稳定性。随着湿地的鸟类食物源增多，淇河地区将会成为鸟类迁徙的重要栖息地。滨河湿地修复是一个长期的过程，特别是物种修复，植物群落修复通常需要 3~5 年，其他动物可能需要更长的时间。所以，我们需要对生态修复的淇河滨河湿地进行长期监测。

3. 经验借鉴

以淇河滨河湿地为实践案例，首先，通过对淇河滨河湿地的现状进行分析，确定湿地总体生态修复规划，明确其修复目标；其次，从水量恢复、水质保护、物种修复三个方面进行具体修复；最后，再对生态修复的淇河滨河湿地进行长期监测。针对滨河湿地的修复，虽然滨河湿地存在相对的独特性，但这个案例的生态修复模式还是可以为其他滨河湿地修复的相关研究提供科学的参考价值。

（二）杭州西溪湿地公园

1. 案例概况

杭州市西溪湿地公园位于杭州市区西部，范围从紫金港路西侧向西至绕城公路东侧，南至山河两岸，总面积约 11.64hm²，外围保护地以外为周边景区控制区，在湿地保护区外围作外围保护，面积为 15.7hm²。西溪湿地公园与西湖、西泠并称三西，是一个集城市、农耕和文化于一体的综合性国家城市湿地公园。近年来，西溪湿地的生态保护与文化旅游融合非常成功，在保护湿地环境的同时，传递了区域历史文化，拉动了经济增长。

2. 特色之处

（1）水环境优美

在杭州西溪湿地中，水文因素是最丰富的自然资源，在这里，共有 6 条河流流经园区，河网如织，其中古河道长达 26km。同时公园有 8km 的完整河网带，其中 8km 内有大小不一的 1.1 万多个水塘。水作为西溪湿地自然景观中最具特色的部分之一，西溪湿地巧妙运用优势，将水景与地形地貌相结合，荡、滩、堤、岛同湖泊河流一起构成了丰富的水景地貌特色景观结构，例如，西溪湿地中的特色景点"河渚声花""蒹葭泛月""棉林夕阳""西溪探梅"等，都以水景为题（见图 6-5）。

图 6-5　西溪湿地水景

（2）得天独厚的人文资源

西溪湿地具有历史悠久的人文文化，最早可追溯到良渚文化时期，当时西溪湿地初见雏形；到汉唐时期，西溪湿地逐渐有了聚集性人类活动的痕迹，比如当时有许多"唐村"；到宋元时期，西溪成为皇帝郊外进香的必经之路；明清时期，西溪因诸多隐士在此隐居，隐逸文化发展兴盛；近代，西溪由于经济发展，城市化进程加快，附近村落兴盛，民俗文化不断发展。总的来说，西溪湿地随着历史的长河不断发展，文化上大体可分为三个类别，分别是隐士文化、信仰文化以及民俗文化。

就信仰文化而言，西溪历史上高僧云集，僧众宏开，西溪湿地内建有大量庵堂，根据历史记载，有古夕照庵、永兴寺、报先寺等寺院，大小寺院、庵、观共 140 多座。从隐士文化来看，西溪自古就被隐居的人视为户外桃源，现有 50 多处名人别墅（见图 6-6）和诸多名人古墓，名人遗迹有海春轩塔、凤凰泉及北宋丞相范仲淹的读书堂等以及辞郎河、董永墓、董永祠、土地庙、老槐树、送子头等古墓遗迹。

图6-6　西溪湿地名人别墅

就民俗文化而言，西溪至今保留着"虎舟声会""清明野餐"等一系列传统民俗活动。同时，西溪湿地公园每年都会举办极具西溪特色的文化活动，覆盖春夏秋冬四个季节。西溪湿地特色的节庆活动以其独特的人文资源、自然资源为基础，月月有活动、节节有精彩，精彩纷呈，如"探梅节""花朝节""龙舟节""火柿节""听芦节"等。

3. 可借鉴之处

（1）生态维护与开发尺度

生态作为西溪湿地公园的设计脉络，西溪湿地三期工程将公园划分为保护区外围、外围保护地带、周边景区控制区，公园整体布局依据这三个层次，分为生态旅游休闲区、湿地生态保育区和湿地生态封育区。在西溪湿地的整体规划上，其目标在于恢复生态环境和创造社会文化价值。具体来说，从维持湿地生态环境角度看，西溪湿地规划的目的在于恢复湿地良好的水体状况，控制水体污染源，净化水系；在保持植被丰沛的同时，确保土壤肥沃良好，并增加动植物种群，以吸引多种湿地鸟类栖息，促进生物多样性发展。

在具体措施上，运用生态治理技术，对水体进行深层修复与治理，使其迅速恢复生态功能。由于钱塘江水质属于三类水，将钱塘江水引入城西，首先可以解决西溪湿地景区的水源和水质问题。其次在西溪湿地内部水系统设计上，通过设置"水闸"控制污水流速，形成内部循环系统，最终达到净化湿地水质的目的。其中内循环系统设计主要包括三个要素：基质、植物、微生物。在静水池中对污染物以及污染严重、景观效果差的区域进行处理时，避免污染物扩散到外界水中，通常采取封闭措施，从而避免干扰。在静水池塘中，污染物沉积并开始被净化基质破坏；而后利用湿地植物对水体中的污染物进行吸收代谢，其中包括运用浮叶植物处理系统、黄菖蒲处理系统等再处理系统。由土质、砂质、碎石等物质组成的土体，在过滤和沉淀去除污染物，为植物生长提供条件的同时，滋养微生物，从而进一步破坏与净化湿地污染物。

（2）文化产业发展与湿地保护相结合

西溪湿地历史悠久，这片土地上曾留下了众多文人墨客的足迹，西溪湿地公园以其独特的文脉延续至今，通过对西溪草堂、西溪梅墅、梅竹山庄、秋雪庵等文人住宅的修复维护，传递着西溪湿地文化的核心理念，使游人身临其境地体会当年隐士超脱于世的淡然。

同时西溪湿地将湿地农耕文化与湿地环境紧密结合，设置诸多民俗体验文化点，如烟水渔庄、西溪人家、西溪婚俗馆、五常民俗文化村等，因地制宜地推广当地民俗文化，同时提高当地农民的收入水平，使民俗文化、旅游产业同湿地协同发展。

此外，西溪湿地通过文化资源与湿地景观集合发展的区域规划设计体现了公园的整体性，创造了湿地景观的视觉与美学设计，在设计中融合了杭州传统文化元素，创造了社会文化价值，成为杭州重要的城市特色景观，为游客提供了休闲、娱乐场所，实现了公园的经济、社会价值。

（三）小微湿地保护与修复技术

以抚远为例，阐述了小微湿地的理念，分析抚远市小微湿地现状、整理出小微湿地积累作用和景观特色；分析了小微湿地提供生物迁移的间歇地点、维护关键性生物的种群情况；阐述了小微湿地对构造优美的城乡视觉效果等起到主要作用，同时提出小微湿地保护与修复技术策略等。

1. 小微湿地理念

（1）小微湿地概念

小微湿地是指自然界在长期演变过程中形成的小型、微型湿地，面积在 $8hm^2$ 以下的小型湖泊、水库、坑塘、人工湿地以及宽度小于 10m、长度在 5km 以内的小湖、自然水塘、小溪、小型河道河湾、沟渠等。

（2）小微湿地产生

由于经历了历史时期高强度的森林资源采伐、农业开垦、其他占用湿地等人为活动因素以及气候变化等自然因素的影响，湿地原生生态系统严重退化，加剧湿地碎片化，产生了许多小微湿地。

主要表现为湿地面积减少，生物多样性遭到破坏；多年冻土退缩，水土流失面积加大，局部地区土地沙化。湿地面积减小，但块数增多，且分布分散，湿地蓄水能力减弱，破碎化趋势明显。

（3）小微湿地的确定

小微湿地当今还只是一个相对比较模糊的认识，还没有清楚的确定标准。生态学家通常通过考虑局域的种群所需要的生境面积的大小、种群生存力的强弱等来确定。抚远市本次从管理的角度来界定小微湿地面积，将面积小于 $10hm^2$ 的湿地界定为小微湿地。

（4）小微湿地的特点

小微湿地累加的功能。湿地的生态系统功能与其面积的大小紧密相关。传统景观生态学通常认为，湿地面积在一定范畴内与物种的数量、物种的种类呈正相关。湿地面积越大，生境条件种类越多，可维护的物种生存能力越多。伴随着集合种群理论，以及岛屿生物地理学理论的快速发展，研究说明小微湿地相互间连接性能，以及目标物种最小的生境面积，都是影响小微湿地生态的效能主要因素。假如在一个比较大的地理区域内有很多小型湿地，有较多变化的气候、地质、土壤与土地利用状况，它们分布得较为广泛，生境异质性较高，在一个固定的状态下，比同等大小的独立且较大型的湿地更能体现较重要的生态效能。

小微湿地的景观特点。小微湿地斑块的形状不同，斑块边缘的区域与其内部的物质循环，以及能量流动有较大不同。与大型湿地相比较，相同面积情况下，小微湿地一般有较多面积生态的交错区，以及较长的水陆岸线，更能增强一些较为特殊的生态变化过程；小微湿地一般存在较大型的湿地间，是离散存在的湿地斑块，能够成为物种的迁移间歇地域，特别是为部分昆虫及一些迁移距离不远的两栖动物等提供极其重要的栖息地，并为一部分湿地生长的水鸟在特定生长阶段提供停歇地和栖息地。

（5）小微湿地的分类

按照与大型湿地的坐落位置相互的关系，小微湿地能够确定为：

在地理位置上，和较大型湿地没有联系且相对坐落独立的小或微型湿地。

地理位置坐落上，和较大型的湿地相互联系的小或微型湿地。

2. 抚远市小微湿地现状

依据国土三调数据，抚远市现有湿地面积 67925.32hm²，但随着多年的开发利用，造成部分湿地碎片化，有 595 块图斑，面积仅为 663.79hm²，图斑平均面积为 1.12hm²，且图斑分布分散，没有集中连片（见表 6-4）。如果这部分湿地不采取严格的措施加以保护和修复，若干年后，湿地生态功能将退化甚至丧失，变为其他地类，其损失不可弥补。

表 6-4　分散小块湿地图斑数量、面积统计

地类名称	图斑数量 / 块	图斑面积 /hm²
沼泽地	595	663.79
灌丛沼泽	17	31.59
内陆滩涂	67	50.51
森林沼泽	62	45.09
沼泽草地	436	515.49
合计	13	21.11

3. 小微湿地保护与建设

党的十八大以来，党中央、国务院就湿地保护作出了一系列决策部署，把高质量的湿地生态系统作为美丽中国的重要标志，一系列制度和标准规范相继出台，湿地保护修复投入增加；越来越多的人开始关注并参与到保护湿地的行动中，小微湿地的保护与修复更需要全民的关注、支持和参与；通过加强对小微湿地的宣传，组织人们前往小微湿地参观、学习，亲身感受小微湿地给人们带来的益处，让更多人认识到身边小微湿地的重要性，提升群众对小微湿地的保护意识；在抚远市城乡建设规划中，结合"乡村振兴"以及城市"双修""双建"改造等工作，把小微湿地理念引入进去。

对破坏湿地生态环境的或影响湿地生态环境发育的农田，要采取退耕还湿措施，保障湿地面积，杜绝毁湿造田；对于缺水或有缺水倾向的小微湿地，加强引水通道的构建，努力取得补充的水源；加强上游区域环境的水土保持建设，逐渐减少湿地中的泥沙淤积；

加大对泛洪区的功能与结构恢复，提高蓄纳洪水能力，提供野生动物生存系统繁育的栖息地。

通过小微湿地生态系统的保护与建设，有效拦截、吸纳和降解生活污水、农业面源污染，提高湿地的生态功能和自我维持功能，保障生态安全，营建良好的人居生态环境；同时，作为自然景观，使市民在闲暇之余有更多去处，成为贯彻绿色发展的生动诠释。小微湿地的建设可丰富城区的生物多样性，起到缓解热岛效应、蓄积雨水、改善景观、增加市民亲水空间等作用，使市民近距离地感受树上有鸟、林下有草、草间有虫的自然之美。

4. 小微湿地的重建与修复

（1）重建与修复措施

采取生态工程与生态技术对已经消失或者退化的小微湿地进行重建或修复，再次呈现人为或自然干扰前的小微湿地功能与结构，以及小微湿地相关的理化性质、生物学特性，充分发挥小微湿地应有的功能，这就是小微湿地的修复。依据小微湿地的组成，小微湿地的湿地类、湿地型，小微湿地生态系统的特点，以及当下所处状态，选择湿地生态修复的相应技术措施。对不同退化原因的小微湿地生态系统现状，采取相应的小微湿地生态系统功能和结构重构技术、湿地治污的生态修复技术、生态系统的修复、生物多样性的物种维护和恢复技术、生态系统功能结构的调控技术等。

（2）小微湿地生境恢复

加强小微湿地的水状况恢复、小微湿地基底恢复等小微湿地生境恢复，采取切实有效的技术措施，进一步提高小微湿地生态环境的稳定性、异质性。

采取运用有效的工程措施，保护小微湿地基底的稳定性。保证湿地面积不减少，对小微湿地的地形地势加以改造。小微湿地的基底恢复技术主要采取湿地水土流失的控制技术、湿地基底改造技术、上游水土流失的控制技术、基底清淤的技术等。

湿地水环境的质量改善、湿地水文条件的恢复是湿地水状况恢复的两个方面。水文条件恢复一般通过修建引水渠、筑坝等水利工程的措施实现；采取水体富营养化的控制技术、污水处理技术等技术对湿地水环境的质量加以改善。

（3）小微湿地的生物修复

小微湿地的修复通常采取最直接、最有效的手段是利用植物的修复。植物能够直接吸收与利用小微湿地污水里的营养物质，对水质有一定的净化作用。因为不同的植物根系深度不同，对营养的吸收能力也不同，植物氧气的释放量不同，植物的生物量不同，植物的抗逆性不同……导致小微湿地修复植物的物种作用存在差异。

在确定小微湿地净化植物时，要全面兼顾植物地带性的分布、区域性质的种类、种类适应强、经济价值高、用途广的植物种。植物的物种应选择：有生态接受性，不能对周边的自然生态系统的生态和遗传性产生影响；对当地气候条件、抗病虫害能力强的植物种类；抗污染能力强，耐受高度的富营养化水质能力的物种；在小微湿地环境条件下能够正常生长、繁殖、扩展和建群的物种；去除污染物能力较强的物种。

5. 经验借鉴

小微湿地的保护与修复与其他其他湿地相同，属于公益性事业，涉及的领域广、部门多，相互之间要更好地协调和合作，通过履约工作，促进相关各部门的配合与协作。已经发生退化的小微湿地生态功能系统的保护与修复，要强化各级人民政府及其有关部门对小微湿地的管理和保护工作的组织和领导。

采取相应的有效保障措施，预防与控制人为活动对小微湿地及其生物多样性的干扰、破坏与不利干预；采取有效的小微湿地污染防治，以减轻人为干扰和自然条件所引起的小微湿地退化或退化趋势，大力维护小微湿地的生态效能的稳定性。

强化执法力度，防止发生对小微湿地的污染行为。应定期开展水质、水量、土壤和生物等的监测和记录，为后续的管理与维护提供基础数据。

适时维护小微湿地中或与其相关的基础性设施、安全警示标牌、湿地标识等配套设施，保证小微湿地正常运行。

健全小微湿地的保护制度建设，强化保护小微湿地政策的支持，加大科技投入，保证小微湿地的生态功能，实现小微湿地的永续利用，以及小微湿地的生态、社会、经济三大效益。

（四）三江源区不同类型高原湿地的保护案例

1. 三江源区湿地保护的重要性

三江源地区位于青藏高原东北部，该区气候寒冷，多年冻土构成不透水层，冰雪消融时形成众多沼泽地和湖泊，是世界上独一无二的大面积高寒湿地群。区域内的湿地不仅具有生态蓄水、水源补给、气候调节等重要生态功能，还是当地经济社会发展的物质基础。三江源区湿地类型独特，国内学者对此提出了相关湿地分类系统，高海拔地区在空间上开展了不同区域的湿地系统划分，将位于青藏高原腹地的三江源区湿地划分为沼泽湿地、湖泊湿地和河流湿地3类。

"湿度"和"地形"是以水文地貌对湿地分类必不可少的两个组成部分，这两个因素确定湿地的尺寸、形状和深度。以地貌为中心进行分类是适合高原环境的，将三江源区高寒湿地分为高山湿地、山前湿地、河漫滩湿地、河谷湿地、河流湿地、湖泊湿地和阶地湿地，探讨三江源区高寒湿地以地貌为基础分类方法的科学性，为湿地资源的保护、管理和合理利用提供完整、准确的基础资料和决策依据。

2. 三江源区高寒湿地的类型

三江源区以地貌为中心的湿地分类系统中，涉及高山湿地、河谷湿地、山前湿地、阶地湿地、河漫滩湿地、湖泊湿地和河流湿地7个湿地类型，这些类型的湿地景观地形地貌特征和流域水文特性描述如下：

高山湿地是具有不规则形状面积较小的沼泽地，分布在山体的中、下斜坡上，这些湿地是由降水直接补水，融雪和融冰间接补充水分。

河谷湿地位于两侧山或山脉两侧的山谷底部。如果两侧山谷底很窄，山谷海拔会很高；如果山谷两侧是山脉，山谷会形成宽阔的平面。在这两种情况下，河谷湿地有一个平缓的地形，一般会有小水池分布其中。

山前湿地是位于平缓坡度的山或山脉下，地势开阔，通常依山脉呈细长形分布，水源由山前地表渗出水补给。

阶地湿地与河漫滩湿地相比，除了因地质构造活动和河流下切造成阶地海拔较高之外，其他是相同的。河漫滩湿地主要分布在山前和河道之间的河漫滩上，它们的水源由河水补给。然而，与河漫滩湿地不同，山前湿地表面几乎是平的。

湖泊湿地是位于湖泊与湖岸界面处的湿地，湖泊周边潜水区域同样属于湖泊湿地。

河流湿地是位于河岸或荒弃河道周围的草地岛屿。河流湿地、湖泊湿地除了分布有高原环境下的草本植物之外，其他类似于低海拔地区的湿地。

3. 三江源区高寒湿地的特点

三江源区高寒湿地植被空间覆盖不连续，既具有涵养水分生态功能，又有生产功能，分布有许多不规则的水池，深度 10~30cm，周边是草甸包围。靠近湖泊、河流等分布的湿地水池面积大于高海拔山前分布的湿地。这些水池是很小的河道，未完全形成。高寒湿地是三江源区特有的，具有湿地和草甸双重特性。年平均气温 0℃以下、降水量低于400mm，生长季 4~5 个月，以莎草科和禾本科植物为主的植被群落。较大昼夜温差导致湿地的冻融现象，使得低洼的水池不容易干涸。由于湿地大量水的存在，三江源区处于低退化风险。由于高寒湿地表面凹凸不平的地形，大量嵩草根形成的致密草皮层，在保护底层土壤退化中，起到主要作用。

4. 高寒湿地的退化与高寒草甸的形成

高寒湿地退化为高寒草甸是从浅的凹陷水池一系列的连锁反应开始的，干旱后，水池成为最脆弱的地方。高寒湿地退化的 6 个过程是非常明显的：干旱产生裸露斑块—啮齿类动物活动产生剥蚀—湿地草甸缩小，裸露斑块增大—增大的裸露斑地合并—湿地草甸消失—高寒草甸产生。由全球变暖引发的气候变干，是高寒湿地退化的前提，湿地水池消失。湿地的退化过程中草皮层坍塌剥落，小块湿地草皮藏嵩草植物脱离、死亡。草皮层的破坏是通过外部干扰，如高原鼠兔等活动以及风、水侵蚀。草皮塌陷可由牲畜践踏和通过冻结和解冻引发。塌陷草皮的连锁反应使斑地扩大。湿地表面残余草皮，随着时间的推移，会逐渐退化消失。最终，以藏嵩草为主的湿地草甸完全从湿地景观消失，形成一个地势比较平滩的矮嵩草、高山嵩草、针茅为主的高寒草甸景观。

5. 高寒草甸的退化与"黑土滩"的形成

从健康的高寒湿地退化为"黑土滩"过程，分为高寒湿地—草甸化湿地—高寒草甸—秃斑化草甸—秃斑化"黑土滩"。相应的退化阶段分为高寒湿地—旱化草甸—退化草甸—"黑土滩"四个退化阶段。每一个阶段都有其独特的地形、水文、植物群落、土壤结构和肥力特点。一般情况下，随着退化的进行，地表水和土壤水分都会减少，植被覆盖度地上生物量和牲畜喜食牧草的比例都有显著的下降。

6. "黑土滩"的地理物理特征与恢复措施的多样性

高寒湿地演变为高寒草甸的主要生态因素受气候变暖的影响；高寒草甸退化为"黑土滩"的主要生态因素受人类活动、过度放牧的影响。到目前为止，对"黑土滩"形成主要因素的定性评估文献较多，由于缺乏定量数据，无法确切了解每个生态过程的因素作用。这种定量的信息应该有助于我们采取更具针对性的措施，从而更有效地控制"黑土滩"的蔓延和恢复它的生产力，并且对生态环境没有负面影响。不同生态因子的重要程度在不同的退化程度中是不同的。

"黑土滩"的地理物理特征和景观尺度研究比较薄弱，比如它的海拔分布范围、地形特征、坡度范围、地理位置和其他地形地貌（如山脉和山谷）等景观特征。这些知识对于理解"黑土滩"的空间差异和地理物理特征以及治理"黑土滩"有重要的意义，有助于预测"黑土滩"的发生。过去，由于缺乏必要的经验和知识导致一些恢复措施没有效果。一个地理区域的有效措施对另一区域的影响可能会有所不同，因为同一生态因素对不同的地区的退化驱动力不同。没有任何措施是普遍有效的。对于一个给定的区域，判断一个有效的措施是通过对主成分分析，只有通过对不同区域恢复效果的比较分析才能知道措施的有效性。因此，提出的恢复措施必须针对问题的根源，并考虑到退化的严重程度。

7. 三江源区不同类型高寒湿地的退化抵抗能力

将三江源区高山湿地、山前湿地、河漫滩湿地、河谷湿地、河流湿地、湖泊湿地和阶地湿地7种类型湿地的退化抵抗能力分为三类：较强、中等和较弱，产生这种差异的原因是不同的。

第一类包括山谷、湖泊和河流湿地，山谷和河流湿地在调查区没有发现超过中等退化程度的样方。相比较而言，湖泊湿地在4个不同程度的退化等级中，已经有退化湿地样方出现。然而，中度和严重退化湖泊湿地的样方是罕见的，仅占总数的6.7%，这种退化是由于啮齿类动物挖洞、频繁放牧和践踏造成的。河流和湖泊湿地具有丰富的水资源储备，对外部环境变化不敏感。这样的水储备不会表现出明显的退化迹象，除非在持续干旱的情况下。此外，相对平坦的湖岸、河岸由于湿润的生境不利于啮齿类动物的活动，它们的洞穴容易被积水淹没。河谷湿地的退化抵抗力因为平坦的地形和相对丰度的水储备，表现较强。分布于山谷地貌的河谷湿地，有利于地表水的保存，平坦的地形不容易使地表水流出。另外，高水分含量的土壤，不利于啮齿动物的活动。

第二类包括山前湿地及河漫滩湿地，在调查区4个水平的退化样方均有分布。原始和轻度退化的湿地占调查样方总数的60%，大约1/3的湿地处于中等或更严重的退化状态。由于它们的有限水源补充和低水储备，使这些湿地容易发生退化。虽然河漫滩湿地含有较高的水储备，但它们不能经常补充。除了直接雨水补给之外，它们补水的主要来源是由不会经常发生的洪水提供的。通过比较，山前湿地水源由从高地流入（地表和地下）不断补充。然而，它也有很高的流出率。山前湿地不同程度的退化源于其比较陡峭的梯度。

第三类包括高山和阶地湿地，阶地湿地是研究区内的一个小类型湿地，调查样方中均表现为中度以上的退化等级。这种高的脆弱性和较弱的退化抵抗能力是由于它们有限的区域水源的补充缘故。尽管它们处于相对平坦的地形，但它们的低水分含量湿地提高了啮齿类动物的活动频率。虽然高山湿地有更多水分，但也容易退化，退化有三个原因：首先，它们小范围和高度有限的水储备使它们容易受到气候波动的影响，甚至一次轻微的干旱都会引发它的退化。其次，相对其他所有类型湿地，高山湿地的地形更陡峭。任何人类放牧干扰和小型哺乳动物的活动都有一个放大的效应，很容易触发严重的退化。最后，陡峭的地形导致了高水分交换。水分从更高的地方注入高山湿地，水也可以快速流失。一旦水位下降到一个临界值以下，高山湿地就成为啮齿动物活动的理想选择。

第七章 湿地生态资源保护管理的优化措施

第一节 改变保护观念以及保护措施

湿地保护标准体系是湿地保护领域标准化工作的"顶层设计"和"框架蓝图",开展标准体系的优化研究,能提高湿地保护管理工作水平。在系统梳理中国湿地保护标准化发展历程、现行标准和标准体系的基础上,结合湿地保护标准优化的需求,提出了进一步完善中国湿地保护标准体系的两级七类优化方案,以期为推动中国湿地保护标准体系建设提供借鉴和参考。

一、湿地保护标准化现状

(一)发展历程

中国湿地保护标准化的发展随着湿地保护管理工作的需求日益增进。1997年,国家林业局制定和发布了《全国湿地资源调查与监测技术规程(试行)》,该技术规程成为中国湿地保护领域的首个标准的雏形(见表7-1),该技术规程对全国湿地分类、调查因子、调查方法、湿地资源监测原则等作了较为详细的技术规定,有力支撑和服务了中国首次大规模开展的全国湿地资源调查。2008年,国家批准成立了全国湿地保护标准化技术委员会(TC468),这标志着湿地保护标准化工作正式步入国家标准化轨道。2016年,《湿地保护修复制度方案》印发,开启了中国全面保护湿地的历程,湿地保护标准化工作也随之加速推进,湿地保护标准体系得到进一步修订和完善,多项行业标准相继制定和实施,满足了新时期湿地保护管理工作的需求。

表7-1 中国湿地保护标准化发展历程中的重要事件

发生年份	重要事件
1997年	国家林业局发布了《全国湿地资源调查与监测技术规程(试行)》,该技术规程成为首个湿地保护标准的雏形
2000年	国家林业和草原局、外交部和国家计划委员会等17个部委发布了《中国湿地保护行动计划》,提出湿地监测标准统一问题
2003年	国务院批准《全国湿地保护工程规划(2002—2030年)》,明确了中长期湿地保护任务
2007年	国家林业和草原局发布了《湿地生态系统定位研究站建设技术要求》(LY/T 1708—2007),该技术要求是湿地保护的第一个行业标准

发生年份	重要事件
2008 年	全国湿地保护标准化技术委员会（TC468）成立，湿地保护标准化工作步入国家标准化轨道
2009 年	全国湿地保护标准化技术委员会秘书处的承担单位国家林业和草原局调查规划设计院建立了一支懂专业、懂标准、可以长期从事湿地保护标准化工作的专家队伍
2009 年	国家标准化管理委员会发布了《湿地分类》（GB/T 24708—2009），该标准成为湿地保护的第一个国家标准
2010 年	水生生物湿地保护分技术委员会（TC468/SC1）成立
2012 年	滨海湿地分技术委员会（TC468/SC2）成立
2012 年	《中国共产党第十八次全国代表大会报告》提出，大力推进生态文明建设，加大自然生态系统和环境保护力度，"扩大森林、湖泊、湿地面积，保护生物多样性。"对湿地保护提出了新要求
2012 年	开展了湿地保护标准体系建立研究，制定出中国首个湿地保护标准体系
2013 年	国家林业和草原局颁布了《湿地保护管理规定》，提出多项标准制定任务
2015 年	国务院办公厅印发了《国家标准化体系建设发展规划（2016—2020 年）》，明确提出加强湿地标准的制定与实施
2016 年	国务院办公厅印发了《湿地保护修复制度方案》，明确提出了 7 项湿地保护与修复标准制定或修订任务
2018 年	中共中央印发了《深化党和国家机构改革方案》，中国湿地保护管理体制实现重大变革，湿地保护正式成为国家行政管理的一项职责
2021 年	《湿地保护法（草案）》向社会公开征求意见，草案提出了多项国家标准制定任务

（二）现行标准和标准体系

中国湿地保护标准的制定或修订，主要根据湿地保护管理的需要，通过将湿地领域的科研成果、技术规范和管理经验等固定下来，形成统一的、有约束的湿地调查监测、科研评估、保护恢复、合理利用等实施规范。截至 2020 年年底，湿地保护领域现行有效标准共计 14 项（见表 7-2），包括国家标准 4 项和行业标准 10 项。

根据《中华人民共和国标准化法实施条例》，按照 5 年为一个阶段，对各项标准的标龄进行统计。在现行的 14 项标准中，截至 2020 年，有 5 项标准的标龄小于 5 年，有 6 项标准的标龄在 5~10 年，有 3 项标准的标龄大于 10 年，14 项标准的平均标龄为 7 年。

标准体系是一定范围内的标准按其内在联系形成的科学有机整体，包括现有、应该有和预计发展的标准，标准体系是制定或修订标准化发展规划和计划的重要依据。湿地保护标准在林草标准体系中处于第二层，代号 300。在 2012 年首次设定湿地保护标准体系后，经过 2016 年的修订和完善，形成了现行标准体系，该标准体系包括"综合""湿地保护""湿地恢复"和"湿地利用" 4 类和 12 分类（见图 7-1），用以引导、规范、协调湿地保护标准的制定或修订进程。

表 7-2 中国湿地保护领域的现行标准

序号	标准名称	标准号	类型	性质	标准发布日期
1	《湿地分类》	GB/T 24708—2009	国家标准	推荐性	2009 年 11 月 30 日
2	《国家重要湿地确定指标》	GB/T 26535—2011	国家标准	推荐性	2011 年 6 月 16 日
3	《湿地生态风险评估技术规范》	GB/T 27647—2011	国家标准	推荐性	2011 年 12 月 30 日
4	《重要湿地监测指标体系》	GB/T 27648—2011	国家标准	推荐性	2011 年 12 月 30 日
5	《国家湿地公园评估标准》	LY/T 1754—2008	行业标准	推荐性	2008 年 9 月 3 日
6	《国家湿地公园建设规范》	LY/T 1755—2008	行业标准	推荐性	2008 年 9 月 3 日
7	《基于 TM 遥感影像的湿地资源监测方法》	LY/T 2021—2012	行业标准	推荐性	2012 年 2 月 23 日
8	《湿地生态系统定位观测指标体系》	LY/T 2090—2013	行业标准	推荐性	2013 年 3 月 15 日
9	《湿地信息分类与代码》	LY/T 2181—2013	行业标准	推荐性	2013 年 10 月 17 日
10	《红树林湿地健康评价技术规程》	LY/T 2794—2017	行业标准	推荐性	2017 年 6 月 5 日
11	《湿地生态系统定位观测技术规范》	LY/T 2899—2017	行业标准	推荐性	2017 年 10 月 27 日
12	《湿地生态系统服务评估规范》	LY/T 2899—2017	行业标准	推荐性	2017 年 10 月 27 日
13	《湿地生态系统定位观测研究站建设规程》	LY/T 2900—2017	行业标准	推荐性	2017 年 10 月 27 日
14	《湖泊湿地生态系统定位观测技术规范》	LY/T 2901—2017	行业标准	推荐性	2017 年 10 月 27 日

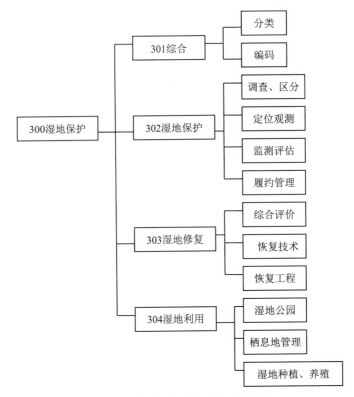

图 7-1　中国湿地保护标准体系框架

二、湿地保护标准体系优化需求

湿地保护标准体系引导和规范了湿地保护领域多项标准的制定或修订，在湿地保护工作中发挥了重要作用。随着 2018 年 1 月 1 日修订的《中华人民共和国标准化法》的实施，湿地保护修复确定的新任务和湿地保护管理机构的调整等，对湿地保护标准体系优化提出了新的需求。

（一）精简标准体系

近年来，标准化工作越来越受到各方面、各层次的重视。在国家层面，先后印发了《深化标准工作改革方案》《国家标准化体系建设发展规划（2016—2020 年）》，修订了《中华人民共和国标准化法》等，提出建立政府主导制定的标准与市场自主制定的标准协同发展、协调配套的新型标准体系；优化、完善推荐性标准，逐步缩减现有推荐性标准的数量和规模。当前，在湿地保护标准体系内，有单一性技术措施类型标准 66 项（见表 7-3），占 83%，因此，需要适应标准化改革的新要求，在主要技术领域、关键技术措施、重点技术环节、建设管理等方面，加强单一性技术措施类型标准的精简和整合，进一步优化湿地保护标准体系。

（二）提高标准体系的针对性

当前，中国进入了全面保护湿地的历史阶段，湿地保护标准化也处在快速发展阶段，特别是在 2016 年 11 月 30 日国务院办公厅印发的《湿地保护修复制度方案》中，明确提出了 7 项湿地保护修复的标准制定或修订任务（见表 7-4），以及《中华人民共和国湿地保护法（草案）》也提出了多项国家标准制定任务。加强湿地保护和湿地修复工作是当前和未来一段时间湿地保护领域的主要任务，这对湿地标准化工作提出了新要求。因此，湿地标准体系作为标准制定或修订的"指挥棒"，需要按照全面保护湿地的要求，重点针对湿地保护和湿地修复方面进行标准规划和计划制订，完善和提高湿地保护标准体系的针对性。

表 7-3　湿地保护标准体系中单一性技术措施类型的标准情况

标准体系分类	拟制定或修订的标准数量 / 项	单一技术措施类型标准数量 / 项	单一技术措施类型标准数量所占比例 /%
301 综合	11	5	45
302 湿地保护	34	30	88
303 湿地修复	21	19	90
304 湿地利用	14	12	86
合计	80	66	82

表 7-4　《湿地保护修复制度方案》中提出的标准制定或修订任务

《湿地保护修复制度方案》条目	标准制定或修订任务
（四）建立湿地分级体系	国家重要湿地认定标准
	地方重要湿地和一般湿地认定标准
（八）提升湿地生态功能	湿地生态状况评定标准
（十七）强化湿地修复成效监督	湿地修复绩效评价标准
（十八）明确湿地监测评价主体	全国湿地资源调查和监测规程
	重要湿地评价标准
	退化湿地评估标准

（三）突出标准体系的公益性

湿地保护工作是公益性和基础性工作。湿地保护是生态文明建设的重要一环。按照国家标准化改革和生态文明建设标准体系发展行动等的要求，需要将推荐性国家标准向政府职责范围内的公益类标准过渡；加快制定或修订生态环境领域急需的关键技术标准，不断满足人民群众对优美生态环境的需要。因此，在湿地保护标准体系的优化中，需要重点设置基础通用和与强制性国家标准配套的标准，并将湿地保护行业重要的工程技术和管理服务类标准纳入体系，突出湿地保护标准体系的公益性。

（四）增强标准体系的协调性

湿地保护和管理涉及多个部门。2018 年 3 月，中共中央印发了《深化党和国家机构改革方案》，明确了由国家林业局和草原局负责湿地生态保护和修复、湿地资源监测与评价、湿地公约履约等工作；由自然资源部负责湿地资源调查、湿地自然资源资产管理等工作。由于管理部门职责的调整，现行或计划中的标准急需统一协调，例如，原来由海洋部门制定的 6 项滨海湿地调查标准、由林业部门制定的 16 项湿地调查标准和湿地资源调查标准、由国土部门制定的 2 项土地调查标准等都需要协调。因此，湿地保护标准体系需要服务主管部门业务的发展，优化调整体系分类框架，实现湿地保护标准的统一协调。

三、湿地标准体系的化

（一）优化思路

自 2012 年湿地保护标准体系首次制定以来，初步形成了基本成套、层次适当和划分清楚的湿地保护标准体系表。当前，面对精简湿地保护标准体系、提高其针对性、突出其公益性和增强其协调性的需求，应该对现有标准体系进行优化和完善，做到严控数量、减少存量、优化整合和提高质量。在现有标准体系优化过程中，充分考虑湿地保护领域现有标准的基础，结合湿地保护标准体系发展历程，按照标准体系编制的原则和结构化思想，以制定基础性、通用性和公益性标准为基础，以湿地保护标准化需求为中心，以整合、修订现有和在编标准为重点，着力构建结构合理、规模适度、内容科学的湿地保护标准体系。重点开展整体优化，按照湿地保护管理的最新要求，增强标准体系内各标准的相互联系、相互制约，避免交叉重叠，确保体系的一致性和稳定性。重点开展层级优化，按照国家标准化改革的要求，设计国家标准和行业标准制定层级，国家标准重点制定基础通用类标准，行业标准制定重要技术、行业管理和服务类标准。重点开展划分优化，结合湿地保护管理部门职责调整，形成调查、监测、评价、保护、恢复、利用等从功能上划分的子体系。

（二）优化过程

1. 精简梳理

湿地保护是一个渐进的工作过程，对照生命周期阶段序列的结构要求，湿地保护的生命周期可以分为调查—监测—评价—保护—修复—利用等阶段。按照上述的优化思路，对现有湿地保护标准进行梳理，将各生命周期序列间交叉、序列内重叠的标准作为优化重点，进行精简整合，规范各标准的具体覆盖范围。

2. 层级确定

按照重点开展层级优化的思路，优先确定国家标准和行业标准制定的层次、领域和种类等，包括上、下层之间的层次关系或是按一定的逻辑顺序排列起来的序列关系，结合威尔曼标准体系三维结构的思想，设计种类维（基础标准、技术标准、管理标准）、序列维（调查、监测、评价、保护、修复、利用）和层次维（具体标准、门类标准、行业通用标准、全国通用标准）的三维结构，形成形象化和具体化的标准体系层次结构，提出整合和修订标准的建议。

3. 划分优化

对照《标准体系构建原则和要求》（GB/T 13016—2018）中有关标准体系结构构建要求，结合当前湿地保护管理职能的变化，以及标准与重大政策规划、生态保护修复、重大生态工程实施的衔接需要，对标准体系中的标准进行分类优化，达成划分清楚、重点突出，湿地保护全过程管理需要的目标。

（三）优化方案

通过梳理分析和归纳整合，笔者建议将中国湿地保护标准体系优化为两级、七类的标准体系。两级为国家标准和行业标准，七类为基础通用类标准（301）、专项调查类标准（302）、生态监测类标准（303）、评价评估类标准（304）、保护管理类标准（305）、生态修复类标准（306）和合理利用类标准（307）。

1. 基础通用类标准

该类标准主要是湿地基础方面的技术标准，也是最重要的标准类型之一。这些标准规范湿地保护领域的专门用语，确定湿地类型的划分和湿地编目等，包括湿地术语和湿地分类等3项标准。

2. 专项调查类标准

该类标准主要是湿地资源专项调查的相关技术规范。在自然资源调查的基础上，对湿地类型、湿地动植物和泥炭地等专项调查技术进行规范，统一调查范围、分类、内容和流程等，包括湿地资源调查标准和湿地植物调查技术规范等4项标准。

3. 生态监测类标准

该类标准主要是湿地生态监测方面的技术规范。这些技术规范明确了湿地生态监测的基础要求、一般和重要湿地的监测技术以及红树林等专项监测的标准，包括湿地生态监测规范和重要湿地监测技术规程等3项标准。

4. 评价评估类标准

该类标准主要是湿地评价评估方面的技术规范，可以为湿地所面临的风险、退化情况、服务功能等方面的评价或评估提供技术方法，包括湿地生态风险评估技术规范和退化湿地评估技术规范等4项标准。

5. 保护管理类标准

该类标准主要是服务湿地保护管理需要方面的技术规范，规定湿地保护管理对象、分级指标、管理措施等，包括国家重要湿地确定指标和国家湿地公园总体规划设计规范等5项标准。

6. 生态修复类标准

该类标准主要是湿地生态修复方面的技术规范，明确一般和红树林等重要湿地生态修复技术要求、方法和流程等，包括湿地生态修复技术规程和红树林湿地生态修复技术规范2项标准。

7. 合理利用类标准

该类标准主要是湿地合理利用方面的技术规范，规定湿地水资源、动植物资源和景观资源等合理利用措施，包括湿地资源合理利用导则1项标准。

第二节 创建专门的保护管理部门

湿地调查与监测是全面了解和掌握湿地变化，开展湿地保护和修复的前提和基础。湿地生态站是开展湿地长期监测和野外试验的平台，对研究湿地生态系统过程与功能，揭示湿地变化机理具有重要作用。

一、湿地生态站的定位、布局原则及布局规划

（一）湿地生态站的定位

湿地生态站要面向湿地生态学前沿，依托稳定的设施、固定的研究队伍，针对典型湿地类型开展生态系统层面的长期观测，实现监测、研究、示范、服务一体化。其主要任务是积累湿地生态系统长期动态观测与实验数据，揭示湿地生态系统长期变化的规律，提炼并推广湿地保护与修复的技术模式，为湿地生态系统研究共享观测与实验设施以及标准化数据，为湿地保护和管理相关的国家战略提供决策支持。

（二）湿地生态站的布局原则

湿地生态站应根据湿地的分布、类型、代表性等进行科学布局和顶层设计，考虑以下原则：

1.涵盖我国代表性湿地生态系统类型

我国湿地主要分为五大类34型，即沼泽湿地（面积占比40.68%，下同）、河流湿地（19.75%）、湖泊湿地（16.05%）、近海与海岸湿地（10.85%）和人工湿地（12.63%）。湿地生态站应涵盖除人工湿地外的其他湿地类型，生态站的布局数量总体上应体现不同湿地类型所占的比例。

2.反映我国湿地的空间分布特点

我国湿地分布总体呈现集中成片的特点，一般而言，全国湿地可分为7个主要分布区，即东北湿地区，新疆、内蒙古湿地区，青海、西藏湿地区，云贵高原湿地区，黄河中下游湿地区，长江中下游湿地区，华南及东南湿地区。其中，东北湿地区主要是森林沼泽和草本沼泽湿地，黄河和长江中下游是河流湿地和湖泊湿地；华南及东南湿地主要是红树林滩涂、淤泥质海岸等近海与海岸湿地；其余三个区则以高原草本沼泽湿地为主，湿地生态站的分布应充分考虑湿地不同分区的特征。

3.体现综合站与卫星站的层级结构特点

考虑设施投入及服务需求，针对湿地类型、分区及重要性程度进行有目的、多层次观测。对代表性的湿地类型应设置一些核心站/综合站，同时，在关键区域和重要湿地应设置区域站，并布设若干卫星站，形成核心站/综合站、区域站、卫星站的层级结构。

4.响应国家对湿地保护与恢复的战略需求

当前，黄河流域生态保护和高质量发展，京津冀协同发展与雄安新区建设、长江产业带与长江绿色廊道建设以及粤港澳大湾区建设是重大国家战略，在这些区域的关键湿地和河口区，应布设核心站/综合站。

（三）湿地生态站的空间布局建议

我国目前共有55个湿地生态站，其中被纳入国家站体系的湿地生态站12个，其他湿地生态站43个。按我国自然地理条件差异性及主要湿地分布区域，结合湿地生态站现状及面临问题，笔者提出以下建议：

第一，加强湿地生态站建设，结合我国湿地类型及其分布特征，填补现有的监测空缺。与国际主要生态观测网络相比，我国国家级湿地类型生态站数量较少、比例偏低，在湿地生态系统监测布局上存在较大空缺。同时，湿地类型代表性不足，以湖泊类型湿地站为主，河流和沼泽类型湿地站偏少；湿地站分布与湿地面积不匹配，青藏高原区和蒙新干旱区湿地偏少。因此，笔者建议进一步增加湿地生态站布设，如杭州湾以北淤泥质滩涂区域，增设沿海滩涂湿地站；在东北平原湿地区，增加森林沼泽和草本沼泽类型湿地站；在青藏高原区，增加高原湿地站；加强河流生态站建设。形成覆盖自然湿地类型以及湿地分区的监测布局体系。

第二，整合我国现有湿地类型生态站，加强综合站/核心站建设，形成层级结构合理的湿地野外站体系。目前，我国达到核心站/综合站水平的湿地生态站数量偏少，生态站的整体综合研究实力与国际生态系统监测网络还存在一定差距。笔者建议合理布局"核心站"（如国家站）与卫星站（一般生态站），在不同湿地区内形成层级结构，实现站点间的相互补充和联动。例如加强蒙新高原湿地、华南沿海和京津冀区域国家站建设，推动黄河和长江流域的河流类型湿地生态站建设。同时，在区域卫星站布设中，应依托已有一定基础并具有长期稳定监测能力的湿地生态站，进一步培育和加强其监测设施和监测能力建设，形成有层次的综合站与卫星站相结合的野外生态站体系。

第三，服务国家重大需求，在大江大河源头区及国家重要湿地区建设综合性湿地生态站。目前，长江中下游的鄱阳湖、洞庭湖、长三角及长江口等区域已布设了国家站，黄河三角洲（2009年建站，依托中国科学院烟台海岸带研究所）、杭州湾（2003年建站，依托中国林科院亚热带林业研究所），大湾区的广东海丰（2013年建站，依托广东省林业科学研究院）和广东湛江（2017年建站，依托中国林业科学研究院）以及雄安新区白洋淀流域（中国科学院筹建）等地区目前已布设或计划布设生态站，但上述生态站均为部委与地方政府合作建站，尚未纳入国家站建设体系。笔者建议进一步提高上述区域生态站监测水平和能力建设，服务于长期湿地生态系统结构与功能的研究及国家湿地保护和修复的战略需求。

二、湿地生态站发展展望

以湿地生态学的关键科学问题为导向，聚焦学科发展前沿。

湿地生态站的建设应满足湿地生态学发展的需要，开展生态系统及其关键要素的长期定位监测，揭示湿地生态系统变化规律及其过程演变机制，为湿地保护、恢复及合理利用提供理论指导、技术支撑及试验示范。笔者建议应重点关注以下湿地科学领域的热点问题：

湿地景观格局及其环境效应。湿地生态系统是受人类活动影响显著的自然生态系统之一，湿地开发利用导致的景观格局演变及环境效应是湿地生态学领域研究的热点问题。例如建坝和湿地围垦，改变了长江中下游湖泊湿地水文过程，三江平原沼泽湿地的丧失，改变了局地微气候，养殖污染影响了周边区域的水质等。此外，湿地景观格局的变化导致湿地景观破碎化、物种多样性及生态系统其他功能受到影响。湿地景观格局演变过程与驱动因子之间存在复杂关系，深入了解其相互关系和作用机制，是湿地保护和合理利用的前提，特别是对一些国际重要湿地和国家重要湿地应开展持续的监测和评估，将为国际履约和政府部门决策以及湿地保护与区域经济可持续发展提供支撑。

水体的富营养化变化及治理。水体富营养化是全球普遍的问题，对中国而言，大部分湖泊处于中营养或富营养水平，而自 20 世纪 80 年代末开始沿海富营养化态势加剧，蓝藻水华和滨海赤潮等现象频发，导致水环境质量急剧下降。水体富营养化对生物组成结构及食物网、生态系统生产力以及生态系统地球化学过程具有显著影响，导致生态系统稳定性下降，生物多样性降低。而污染物变化及富营养化的形成机制、环境影响及调控对策是当前亟待解决的难题。通过原位监测，获取富营养化的关键环境限制因子及氮磷营养元素阈值是维持健康水体的前提。

外来物种入侵的影响机制及其调控。外来物种入侵是湿地面临的关键威胁因素之一，如长江中下游湖泊中的克氏原螯虾、凤眼蓝以及沿海的互花米草等。此外，在资源有限的情况下，入侵物种在生长、形态和生理等性状上具有很强的可塑性，对环境变化的适应性更强，如对水分以及营养物质的耐受性，从而更容易在竞争中处于优势。研究表明，外来物种入侵对湿地生态系统生物地球化学循环、生物群落及其环境具有显著影响，加强外来物种入侵对湿地生态系统影响的过程机制研究，开展调控对策及试验示范，对控制外来入侵物种，维持健康生态系统具有重要意义。

湿地生物多样性维持机制。湿地是陆地与水体的过渡地带，具有其他任何单一生态系统都无法比拟的天然基因库和独特的生境，维持着丰富的生物多样性，湿地与生物多样性对生态环境和人类生存发展具有积极影响。物种组成是湿地生态组分的重要内容，特别是一些湿地重要指示物种，如湿地植被、迁徙水鸟、兽类、两栖爬行类、鱼类等关键物种，可反映湿地在某一时刻所处的状态，是国际重要湿地的重要监测指标。然而，现有的湿地生态系统监测不能满足湿地生物多样性保护的需要，特别是对湿地动物的监测和调查尚存在不足，建立统一的物种监测和调查规范，加强生物多样性监测非常必要，可以为揭示生物多样性变化机制和保护决策提供科学依据，也是制定合理的生物多样性保护策略的重要前提。

气候变化及湿地碳汇潜力估算。湿地的各种生态服务功能为社会可持续发展和人类福祉提供重要保障，特别是在固碳和减缓全球气候变化方面的作用已达成共识。滨海湿地在吸收 CO_2 方面发挥重要作用，特别是红树林沼泽、海草床和盐沼湿地等，其单位面积对碳储存的贡献，要超过陆地生态系统，被称为蓝碳。而湖泊和沼泽湿地，其碳源 / 汇强度与水文条件变化密切相关，碳收支估算的不确定性和难度更高，导致其固碳功能与固碳潜力估算存在争议。开展不同湿地类型碳通量原位观测和碳储量的长期定位观测研究，有利于提高对湿地生态系统中碳储存的驱动因素和影响机制的科学认识，对维持和发展湿地的固碳潜力，增加陆地生态系统碳库，达成"碳达峰碳中和"的战略目标具有重要的实践意义。

建立系统、科学的湿地监测指标体系，开展长期定位监测。湿地生态系统研究的核心是湿地的结构、功能及发育演替等基本过程，湿地生态站的监测指标需表征和测度湿地生态系统特征和功能的变化，反映湿地生态系统的整体特征，同时服务于不同自然区或气候带内同一湿地类型的自然过程或者同一个自然区内不同湿地类型之间的对比研究。尽管不同类型湿地站监测指标体系因湿地特点而异，难以完全统一，但是不同类型湿地站仍存在一些共性指标，如作为主要驱动力的水文要素指标，生产力 / 生物量指标等。将这些简单、有效的共性指标纳入长期观测，可以提高不同湿地站之间数据的系统性和可比性。此外，根据不同类型湿地的特点制定一些个性化指标，作为自选性观测指标，如滨海湿地生态站的潮汐观测、沼泽湿地的积水水深和淹水时长等，将有利于加强对特定湿地生态系统关键过程的深入理解。此外，湿地生态站监测应涵盖湿地生态特征的变化，除了湿地生态组分外，生态过程与生态系统服务变化的监测也非常关键，如植物物候、营养循环、物质生产、栖息地面积等监测指标。

推动大尺度联网观测研究，揭示湿地变化的过程机理。湿地生态站的长期建设，还应注重跨站点联网研究，建立标准化的科研样地，在区域尺度上开展时间序列的对比观测与试验数据，为湿地生态系统长时间、大尺度生态学对比研究、生态系统动态及其功能演变研究、生态过程时空分异规律研究提供稳定平台。

湿地站的长期联网观测应注重以下方面：第一，相同湿地类型在不同自然区域的联网研究，如南方和北方的湖泊湿地，高原和平原的湖泊湿地，其生态系统结构和关键驱动因素可能有所不同；第二，在同一个自然区域里，生态系统在演变过程中湿地生态系统结构和功能的变化，如以流域为单元，研究其内部不同湿地类型的变化；第三，开展与湿地生态系统密切相关的其他类型生态站的联网观测，例如，沼泽湿地站还应考虑河流、森林、农田等生态站的联网观测。

总的来讲，结合我国湿地分布的特点和规律，可初步考虑从以下方向开展研究：第一，不同纬度梯度海陆交汇过程（营养输入、水文变化）及其时滞效应对水体富营养化的响应过程与机理；第二，不同湿地区营养（N、P）输入与生产力及生物多样性之间的协同作用机制；第三，水位梯度对不同类型湿地优势植被生物量分配及土壤微生物竞争关系的影响；第四，不同纬度梯度或气候带湿地生态系统固碳潜力及对气候变化的响应等。

服务国家重大需求，支撑湿地生态修复和"双碳"目标实现。作为"山水林田湖草沙"生命共同体的重要组成部分，近年来，湿地研究受到政府部门、科研机构以及国际组织的高度重视，湿地生态系统研究正处于蓬勃发展时期。基于不同类型湿地生态站获取的长期、连续的科学数据，可为厘清陆地生态系统碳源/汇格局，提升湿地固碳潜力提供基础数据；为湿地生物多样性保护和生态修复提供技术模式；有力支撑"碳达峰碳中和"、生物多样性和国际重要湿地履约等国家战略。同时，湿地生态站的观测和研究还将为京津冀协同发展和雄安新区建设、黄河流域生态保护和高质量发展、长江大保护和长江经济带建设以及粤港澳和大湾区建设中相关政策和工程实施提供技术支撑。关键湿地站还应在支撑区域或地方生态保护和修复工程中发挥重要作用，如长江口、黄河口互花米草控制及长江中下游湖泊富营养化治理、白洋淀及上游地区生态环境综合治理与退化湿地生态修复等。

加强湿地生态站科学研究的国际交流与合作。

湿地生态站建设及其观测和研究工作的开展，对解决区域内的生态和环境问题发挥了重要作用。然而，我国湿地生态站在生态系统综合观测和系统研究方面与国际长期生态系统研究网络尚存差距，例如美国NEON在生态系统"站网"监测设施、标准化数据质量控制体系及数据共享建设方面起到了示范作用。加强同上述机构的合作，将对提升单站点及湿地生态站网的综合研究实力具有推动作用。同时，从国际化和全球的视野来看，强化与国际知名机构在生物多样性保护与观测、气候变化与湿地碳汇研究、跨国界湿地及迁徙物种的合作保护等领域的联合研究，将为解决洲际或更大尺度湿地生态学问题做出贡献。

第三节　强化对湿地保护的投入力度

主动将国家的政策规定以及要求落到实处，可以把湿地资源保护规划进一步纳入省级社会发展与经济发展规划中，采用统筹安排的相关策略，把湿地资源保护经费进一步纳入年度的财政预算，并且有效创建与湿地资源保护管理有关的投入机制。

一、优化政府补偿以推进政府补偿渠道的多元化

政府补偿方式作为目前最重要的补偿形式具有强制性、间接性等特点，一般包括财政转移支付、政策倾斜等。然而，政府补偿的弊端也较为突出，主要表现在：第一，资源定价不合理。现实中政府很难掌握每一种生态环境服务的机会成本，因为其与当地的地理位置、自然条件、经济社会条件等有关，往往补偿偏高。第二，生态补偿的权、责、利不明。由政府来补偿无疑变成了全民对该环境的行为负责，有违"谁受益，谁补偿"原则，

造成生态效益及相关的经济效益的不公平分配。第三，财政压力大。政府补偿的资金由财政专项拨款，资金渠道单一，无法满足长期需要。而且省级以下的财政转移支付制度不完善，易创造新政府补偿政策成资金缺口。因此，为了解决上述问题，优化政府补偿和实现政府补偿的多元化势在必行。

（一）创新政府补偿政策

在湿地生态补偿资金来源方面，应该固化政府领域的生态补偿资金来源。例如，在财政中划出一部分生态建设方面的收入，对资源使用收费，对土地征收出让费用，对破坏生态效益行为进行惩罚性收费，恢复环境补偿费用等，可从中划出一部分成立专门的生态补偿基金。

在建立多渠道的生态补偿资金方面，政府应根据具体实践与需要，在维持固定收入来源基础上，多渠道筹集资金，例如接受捐助、发行生态彩票、BOT 融资方式等，以形成固定收入和额外收入两大类来源。

（二）完善财政管理政策

湿地生态补偿管理部门与生态补偿责任部门地方政府的利益诉求不同，湿地保护部门致力于湿地生态系统恢复，而地方政府要充分考虑地方经济发展。湿地生态补偿由湿地管理部门一家管理协调难度大，矛盾较为突出。因此，应该积极推行大部制改革，比如设立生态补偿基金或者建立生态补偿委员会等，以彻底解决湿地生态补偿机制的管理体制问题。

（三）推进环境税制改革

环境税收政策是调节环境保护与发展的经济手段，其中包含了环保领域的优惠政策、税收，环境税，消除对环境影响不利的补贴政策和生态环境的收费制度等。目的是筹措生态环境建设与保护的资金和通过对市场信息的调整，使消费者与企业能够选择对于生态环境保护有利的生产和消费方式。

随着市场经济体制日益完善和对环境管理的更高要求，环境税制也要不断完善，需要合理设计税费，整合政府性收费，可以考虑把与环境税费相类似的政府性收费并入环境税费中以整顿生态领域的分配制度，减少"乱收费"，达到"多规合一"的目的。

二、探索市场补偿以弥补政府补偿失灵相关领域

市场补偿指的是在政府制定的法律法规和生态环境标准内，市场交易主体通过市场方式达到改善生态环境目的的活动总称；引入生态服务功能，通过市场交易的方式降低生态保护成本，实现生态保护价值。可行的市场化生态补偿方式可以为开展生态旅游和设计生态标记。

（一）开展生态旅游

生态旅游是指实行生态保护的一定区域内，通过开展观光旅游的形式，满足人们对生

态景观的需求来获得盈利用于生态补偿。随着人民生活水平的提高，对自然生态环境的需求不断提升，生态旅游前景广阔。

需要注意的是，生态旅游的开发要考虑承载力的问题，过度开发会危害野生动物栖息地，破坏生物多样性。因此，首先要明确湿地旅游开发的出发点保护湿地生态环境；其次必须确保旅游收入按比例用于湿地生态环境保护。

（二）设计生态标记

生态标记主要指标记对生态环境友好型的产品，包括认证和销售绿色、生态、有机食品。生态标记通过体现产品的保护生态附加值，进而体现生态环境保护效益。当前，消费者越来越看重产品的环保性质，愿意为产品带来的环境附加值而支付更高费用，环境标记已经在中国日益得到公众和企业的认可并且处于可持续发展阶段。湿地生态补偿也可采用这种方式，设计本地生态标记的内容并不断丰富形式，不只是绿色农业标记，也可以是野生动物友好型标签，比如丹顶鹤等。同时，对认证体系的建立以及产品的市场推广也是成功的关键，通过完善管理和认证体制，加强宣传引导，生态标记方式可以为湿地生态补偿发挥更大作用。

三、湿地旅游景观资源开发生态保护

近年来，随着人们生活水平的提高，越来越多的人选择在节假日期间外出旅游，放松身心，享受大自然的美好，追求精神富足。一些著名的景观、风景区就成为游客们的打卡胜地，由此引发了一系列的生态环境保护问题。如果能将景观的资源开发和生态保护实现协调互促，将有益于人与自然的持续和谐发展。

（一）湿地旅游景观资源特点

1.动植物景观资源

由于湿地气候湿润，地理位置相对平坦，湿地地区的自然景观资源非常丰富，尤其是动植物资源。动物一般分为水、陆、空三栖，我国每一个湿地景观的动物景观都各不相同。比如扎龙湿地中最有优势的动物资源就是丹顶鹤，是我国北方同纬度地区保留最完整、最原始、最开阔的生态系统形态，而扎龙湿地本身也是最大的鹤类等以水禽为主体的珍稀鸟类保护区。植物景观包括水、陆、旱3种类型，不同地理位置及气候环境的湿地景观所生长出的特别植物就成为该湿地的重要保护植物和特色。比如额尔齐斯河科克托海湿地的特色植物就是藜科、菊科、豆科、禾本科、莎草科、蓼科、杨柳科等植物区系。

2.水景观资源

水景观主要包括动、静、落3种形态，湿地所处的地理位置和水的质地不同，形成的水景观也各不相同。水景观的形成可根据有水与无水来区分，一般的自然景观有沼泽地、湖泊、湿草甸、河流、洪泛平原、泥炭地、河口三角洲、湖海滩涂、湿草原、水田、河边洼地、漫滩、水库、坑塘等水景观。比如云南纳帕海湿地、云南拉布海湿地以及云南大山包湿地虽然都隶属于云南，但形成的水景观却别有洞天。

3. 人文旅游资源

首先，湿地区域水资源丰富，因此鱼是当地居民的主要食物类型之一，甚至很多地区形成了"无鱼不成席"的独特风俗与饮食特点。在进行湿地旅游项目开发时，可将鱼类餐饮及渔俗文化作为特色旅游资源，并由此开展相应的品牌打造实践。其次，水运是湿地区域居民的主要交通方式之一，因此可依托水路资源，将水上观光、游船体验等作为特色旅游项目。最后，在民间故事、神话传说、诗词歌赋、信仰等方面，湿地区域也可表现出一定的独特性，这为湿地旅游提供了良好的人文资源基础。

（二）湿地资源开发生态保护

1. 以生态恢复和保护为开发前提

近年来，对于湿地景观的资源开发一直停滞不前，主要原因在于湿地的生态系统具有脆弱易变的特点。例如，一些藏族地区本身在过度放牧、基础建设的情况下，再继续开展旅游活动和资源开发，会对当地正常的生态环境造成破坏。因此，在这一类的湿地景观资源开发过程中，首先要对当地过度放牧造成贫瘠的区域进行维护和修理，使该地的生态保护恢复到之前的生活状态，然后进行一定的资源开发活动。比如，对于一些泥曲河流域的天然湿地切勿选择资源开采的方式，应当以保护和建设为主，种植一些适合在该地生长的植物，规划该地的河床流域，进而使该湿地景观有一个稳定、健康的生态环境。

2. 建立湿地保护性开发的功能圈层

开发一块湿地景观之前要确立该地的主题，什么样的旅游特色和方式能够更加吸引游客前来参观和拜访。在确立主题之前就应做好该地景观的基础设施建设和维护，因为无论开发部门以何种方式去开发一块湿地景观，都应该建立在生态保护的基础上。为此，这时就应建立湿地保护性开发的功能圈层，使湿地景观在适当开采之下被最有效地开采。根据一块湿地景观的地理位置不同，可以设置不同的活动区域。

比如，在对一块湿地开采过程中，设立湿地保护核心区、湿地恢复缓冲期、湿地游憩活动区3个区域。湿地保护核心地区就是将湿地多样性高度集中分布的区域加以保护，禁止游客进入参观；恢复缓冲地区在核心区的外圈层，允许但限制游客出行，开发一些低密度、低能耗的观赏性的旅游项目；最外层的湿地游憩活动区域可以开发一些多样化的旅游项目，将此区域作为湿地景观旅游活动的主要区域。合理利用各个功能圈层，互不干扰、互不影响。

3. 科学管理，统筹湿地文化的开发和延续

在开发后期，旅游项目建成之后，要设立专门的管理人员对湿地景观的开发区进行合理完善的保护和管理，从而维护湿地文化的开发和延续。但在管理和维护的同时，不要过于影响自然景观和旅游活动，尽可能在互不干扰的情况下，使此块湿地景观资源最大化地被利用。实现湿地资源、湿地文化的保留和延续，不仅可以使人们更多地参与到国内的旅游体验，感受中国大好河山的壮观，还可以更多地了解中国湿地景观的历史文化和自然文化，从而通过旅游来提升国民的文化底蕴和知识储备。

例如，在进行旅游民宿项目的规划与开发时，要从管理角度入手，明确要求项目方案避免出现过度的"现代化"问题，结合湿地区域的传统建筑风格、特色文化元素，对民宿的外形、布局、装饰等进行特色化设计。这样既能避免当地建筑文化特征在旅游开发过程中被淡化，也能为游客营造出别具一格的游玩场景与文化氛围。

4.遵循市场的开发原则

无论湿地如何开采，都要遵循市场的开发原则，顺应时代发展，追随时代潮流。

第一，应以生态旅游供需关系和市场导向为核心，尽可能以满足游客心理需求为基准，吸引更多的游客来此地旅游。

第二，开发商要迎合现代旅游市场乃至经济社会可持续、长效化发展的总体趋势，避免盲目利用资源、罔顾生态平衡的实践活动出现。一方面，在规划旅游方案、利用湿地资源时，要坚持适时、适度的基本原则；另一方面，在开发旅游项目、建设旅游设施的同时，要将环境保护、生态恢复与文化传承作为重点，从而在保证湿地旅游经济效益的同时，实现社会效益、生态效益、文化效益的同步提升。

第三，在提倡多产业联动发展的市场背景下，开发商要坚持协调开发的原则，既要尽可能地协调湿地生态系统和旅游产业各种要素的平衡，也要合理地配置旅游资源，发挥旅游优势，带动湿地区域文化、餐饮、渔农等行业实现共同发展。

第四，面对市场中"同质化"现象层出不穷的问题，开发商还要突出湿地区域的特色性甚至唯一性，要将当地的资源价值尽可能地放大，确保游客能够获得与其他旅游项目、旅游地区截然不同的优质体验，并感受环境、气候、民俗、饮食等方面的差异性。

四、湿地保护案例分析

为了更好地利用和保护池州市十八索湿地湖泊自然生态资源，通过综合分析十八索湿地湖泊自然保护区生态资源开发利用现状及其动态特征，探究影响十八索湿地湖泊自然保护区生态资源生态功能发挥的主要因素，结合地方实际情况，提出了切实可行的保护对策：一是转变农牧渔业生产和生活方式，遏制农村面源污染；二是修复湿地湖泊生境，优化地表径流方式；三是规范养殖业，禁止围网养殖和非法捕捞；四是控制生态入侵，维护湿地湖泊生物多样性稳定与安全；五是提倡采取生物灭螺，规范血吸虫病防治流程。

（一）十八索湿地湖泊自然保护区概况

1.地理位置

十八索湿地湖泊自然保护区位于长江中下游安徽省池州市贵池区东北角，属于长江中下游的沿江圩区地带，自然地理位置为东经117°36′~117°48′，北纬30°42′~30°47′，总面积为3651.6hm²。❶北以十八索北防洪埂为界，南达"观前—茅坦"公路，西至九华河查村湖西大坝，东以青通河与青阳、铜陵分水。保护区范围涉及池州市贵池区茅坦、观前、江口、梅龙4个乡镇共10个自然村，常住人口11000人左右。

---

❶ 李晓文，李梦迪，梁晨，等.湿地恢复若干问题探讨[J].自然资源学报，2014（7）：1257-1269.

2. 生境特征

十八索湿地湖泊自然保护区的重要湿地区域主要包括"三湖"，即十八索湖、查村湖（当地居民称"刘村湖"）、西盆湖以及"三圩"，即跃进圩、双丰圩、庆丰圩。"三湖"和"三圩"是十八索湿地自然保护区内自然生态环境条件最为优越、鸟类等动物资源分布最为集中的两个地方，其周边密布的细小湖汊、沼泽、滩涂以及农田、坡地、山丘、村庄等是十八索湿地自然保护区湿地生境多样性的重要补充，是我国长江中下游区域中华秋沙鸭、白鹤、黑鹳等珍稀鸟类的重要停歇地和越冬地之一。

十八索湿地湖泊自然保护区及其边缘的河道主要包括九华河和青通河，九华河和青通河均与长江水流相互融通，河水直接从十八索湿地自然保护区内流过，使得十八索湿地湖泊内水质更替和水资源质量更有保障，同时也对长江流域水资源和白鳍豚的保护起到积极作用。

3. 景观资源湿地

十八索湿地拥有丰富的生态资源，主要包括有田园风光的大天目山和小天目山，有通往九华山风景区的水上通道青通河，有神奇而美丽的"牛屎墩""乌龟颈""将军庙"传说等。十八索湿地周边旅游资源众多，主要有平天湖旅游风景区、九华山国家森林公园、铜陵淡水豚国家级自然保护区以及"茅坦杜氏宗祠"等。

4. 动植物资源

十八索湿地湖泊自然保护区动物资源主要包括无脊椎动物、鱼类、两栖爬行类、鸟类等。近年来，人工养殖的小龙虾现象加剧，湿地湖泊动物多样性结构发生一定的变化。在十八索湿地保护区目前有记录的动物资源中，鸟类是重点保护的动物资源，其物种数量最多，其中包括白头鹤等多种国家重点保护鸟类。

十八索湿地湖泊自然保护区植物资源也较为丰富。经调查发现，保护区内湖泊、湖汊、池塘、沼泽、滩涂、农田、圩堤等处主要分布菊科（苦菜等）、眼子菜科（马来眼子菜、菹草等）、睡莲科（莲、芡实）、小二仙草科（聚草）、蔷薇科（仙鹤草）、千屈菜科（野菱）、三白草科（鱼腥草）、禾本科（芦苇、茭白）、蓼科（羊蹄、荭草、杠板归）、苋科（牛膝、青葙）、天南星科（水菖蒲、天南星）、商陆科（商陆）、车前草科（车前草）、毛茛科（天葵）、防己科（木防己）、马齿苋科（马齿苋）植物等。另外，保护区内丘陵山地分布有银杏、马尾松、杉木、枫香、枸杞、女贞、杜鹃、白栎等多种木本植物。

（二）十八索湿地湖泊生态资源保护面临的困境

1. 湿地湖泊农村面源污染形势严峻

复杂农村面源污染，又称"农村非点源污染"，是指农村地区溶解和固体的污染物从非特定地点，在水力的冲刷作用下，通过径流或淋浴过程而汇入受纳水体（包括河流、湖泊、水库、池塘和海湾等）并引起有机污染、水体富营养化或有毒有害等其他形式的污染。

十八索湿地湖泊自然保护区及其周边农村自然村落零星分布，居民主要以种植农作物和人工养殖鱼类为主。保护区内居民日常生活污水和人畜粪便处理方式不当、村镇企业和农村居民固体废弃物随意丢弃、农田过度使用农药和化肥、渔民大量向湖水中投放粪肥和酒糟、湿地湖泊湖滩和山丘植被被人为破坏等现象随时可见，再加上湿地保护区内水土流失、暴雨径流等多种不利因素交织存在，这些势必会导致十八索湿地湖泊水资源出现富营养化现象，湖泊湿地水环境中总磷、总氮、化学需氧量以及高锰酸盐指数不断攀升，湿地整体水资源质量受到不同程度的影响。此外，十八索湿地自然保护区核心区内种植户、养殖户不仅大量使用各种化学肥料和高毒农药，而且习惯采用燃放爆竹、设置彩色飘带等方式人工驱赶鸟类，对保护区内鸟类特别是珍稀水禽的觅食栖息带来不同程度的干扰和威胁，严重弱化十八索湿地湖泊自然保护区生态系统的生态服务功能。

2. 湿地湖泊自然生态环境损毁较为严重

十八索湿地湖泊自然保护区核心区主要包括"十八索湖"和"双丰圩"，总面积为1056hm²，其中"十八索湖"面积为506hm²，"双丰圩"面积为550hm²。2004年，池州市贵池区出台了实施期限为8年的《贵池十八索省级自然保护区总体规划》，对保护内湿地湖泊生态环境保护起到了良好的促进作用。但该规划实施期限届满后，并未重新修订出台新的总体规划方案，湿地湖泊自然生态资源开发利用和保护的管控体制机制几乎缺失，保护区特别是核心区内村民农牧渔业生产活动日趋频繁，活动程度和范围日益扩张，湖泊围垦、退湖还田以及违反湿地保护规定和管理制度种植、养殖现象随处可见，自然湿地资源被当地居民大量侵占，其中对十八索湿地湖泊生态环境危害最严重的行为主要是湖泊围垦。村民毫无节制的湖泊围垦行为使湖泊沼泽和滩涂遭到不同程度的损毁，保护区内湿地湖泊自然生态系统平衡遭到严重破坏。

由于受多种因素影响，十八索湿地湖泊自然保护区核心区湿地面积大幅度下降，特别是"双丰圩"内人工养殖（种植）现象极为普遍，人为挤占和损毁湿地湖泊自然生态环境问题最为突出，导致其自然湿地面积由2004年的550hm²减少至2021年的50hm²，"双丰圩"自然生态资源几乎被人为侵占殆尽，逐步演变成当地村民普通生产活动区（见表7-5）。

表7-5 "双丰圩"和"十八索湖"总体规划编制及湿地面积变化情况

年份	"双丰圩"湿地面积 /hm²	"十八索湖"湿地面积 /hm²	是否编制总体规划	总体规划名称（期限）
2004年	550	506	是	贵池十八索省级自然保护区总体规划（8年）
2012年	—	—	否	—
2021年	50	460	否	—

3. 湿地湖泊水系畅通难度加大

"十八索湖"是十八索湿地湖泊自然保护区的核心区湖泊湿地之一，其周围分布有西盆湖、查村湖（刘村湖）等大大小小的湖汊（水塘、沟渠、水田）以及九华河、青通河等中小型河流。近年来，池州市地方政府实施了河道清淤泥改造工程，九华河和青通河的水流均与长江水流相接，但十八索湿地湖泊生态资源开发利用与保护的总体规划欠缺；保护区内湿地湖泊生态环境监管的人力、物力和财力投入有限，监督和治理缺少必要的技术手段；周边农村村民过度采挖河道泥沙现象屡见不鲜，河流附近企业污水排放管理不够规范；保护区内办公场所、民宿民宅、企业厂房、人工养殖基地、道路桥梁及其他生产生活设施的新建，甚至违规搭建现象偶有发生；十八索湖周边自然洪涝灾害易发多发。

上述因素导致十八索湿地湖泊自然保护区内大小湖泊（湖汊）之间、湖泊（湖汊）与水塘之间、湖泊（湖汊）与河流之间、水塘与河流之间以及河流与河流之间的水资源相互融通被人为破坏，湖泊水面碎片化、孤立化加剧，湿地地表径流发生明显变化，湖水自然更新频次减少，湖泊湖相沉积物出现较长时间滞留，弱化了湖泊水环境自我净化能力和生态系统功能，不利于湿地湖泊水资源的涵养和保护。

4. 湿地湖泊水资源富营养化倾向偶有出现

近年来，湖泊富营养化已经成为全球性的水污染问题，据联合国环境规划署（UNCD）的一项调查表明，在全球范围内 30% ~ 40% 的湖泊和水库遭受不同程度富营养化的影响。导致十八索湿地湖泊水资源出现富营养化的因素包括农牧渔业污染以及生活和工业污染等，其中最主要的是过度无序的人工养殖和种植。目前，十八索湿地湖泊自然保护区内人工养殖主要包括鱼类养殖和小龙虾养殖，部分水塘还被当地居民人工种植芡实等作物。2018 年以前，池州市贵池区十八索水产养殖有限公司与部分水面租赁承包人签订了《池州市贵池区十八索水面租赁经营合同》，十八索湿地湖泊内先后安置了一批增氧泵、自动投饵机等人工水产养殖设施。但是，十八索湿地湖泊水面租赁经营管理体制机制存在漏洞，科学养殖技能培训与指导缺失，围网养鱼（小龙虾）、畜禽养殖等现象时有发生，且呈日益发展趋势。过度和不规范的人工养殖（种植）行为导致十八索湿地湖泊水资源偶尔出现较大范围的富营养化倾向，因水中缺氧而死亡的鱼类常常成堆散落在湖泊周边滩地，给湿地湖泊水质带来人为污染，这一现象直至 2020 年 7 月才开始局部得以缓解。

此外，由于鱼类人工养殖作业的实施，渔民对湿地湖泊中鱼类的捕捞作业也存在不规范问题，每年秋末冬初候鸟纷纷来到十八索湿地越冬，但此时恰逢渔民捕捞鱼类的旺盛时期，过度捕捞特别是出现电击捕捞和投毒捕捞等非法捕捞现象，势必会人为破坏湿地湖泊水资源自然生态系统平衡，恶化湿地湖泊自然生态环境，破坏湿地湖泊食物链和食物网的稳定性，干扰甚至阻挠湿地鸟类生物栖息和捕食，湿地湖泊水资源自我净化能力也受到不同程度的影响。

5. 民宿旅游业快速兴起冲击湿地湖泊生态系统稳定

随着湿地湖泊民宿和旅游业迅速兴起，湿地拥有的独特自然生态景观和丰富的生物多样性，成为人们生态旅游、休闲、科考的理想去处，其潜在的旅游资源价值正被挖掘和合理利用。近年来，十八索湿地湖泊民宿和生态旅游业呈发展态势，保护区及其周边民宿、传统农耕文化体验和"农家乐"类餐饮企业明显增多，村民日常生活污水特别是"农家乐"等餐饮业污水直接排入湖泊、湖汊、水塘和河流，打破了湿地湖泊水资源中的营养盐平衡，导致蓝藻、绿藻等藻类生物生长和繁殖速度加快，恶化湿地湖泊水资源环境，威胁湿地湖泊生态系统稳定和生态安全。

（三）十八索湿地湖泊生态资源开发利用与保护

1. 转变农牧渔业生产和生活方式，遏制农村面源污染

减轻十八索湿地湖泊自然保护区周边农村面源污染，需要切实加强地方政府统筹谋划，联系实际研究制定和实施相关地方法规和管理制度，具体如下：

第一，结合农村普法教育和美好乡村文化建设，对十八索湿地自然保护区周边农村区域加强湿地生态环境保护相关法律法规知识的宣传、教育和培训，提升农民和企业员工生态文明素养和保护自然生态环境的意识，尤其是切实让全社会都敬畏湿地生态红线，充分发挥湿地生态红线的刚性约束力。

第二，结合农民工职业培训以及乡村广播、宣传栏、村民微信/QQ群等多种途径，全方位开展现代生态农业种植（养殖）技术培训，政府农业技术推广部门要有针对性地安排专业技术人员深入十八索湿地自然保护区及其周边村镇和居民社区，现场指导当地种植（养殖）户科学、合理地使用化肥、农药，提倡运用生物防治技术和施用优质农家肥等手段，最大限度地减少化肥、农药使用量。

第三，严格按照湿地水资源保护有关法律法规，切实加强十八索湿地自然保护区及其周边村镇种植、养殖业管控，从严控制家禽家畜饲养以及鱼类（小龙虾）人工养殖规模和方式，规范饲料、饵料投放，禁止随意向湿地湖泊中乱撒菜籽饼、酒糟、人畜粪便等。

第四，要结合创建文明城市、村镇，充分发挥村民自治作用，妥善处置湿地村庄人畜粪便、鱼类（小龙虾）养殖垃圾以及其他污染物，禁止在湖泊、河流、水塘等水域清洗衣物，以达到有效控制当地农村面源污染的目的。

2. 修复湿地湖泊生境，优化地表径流方式

依据国家和安徽省有关湿地生态保护规划以及池州市人民政府出台的《池州市湿地保护规划（2018—2030年）》《池州市湿地保护修复制度实施方案》等制度，针对十八索湿地湖泊自然保护区湿地滩涂、湖泊、湖汊、河流、灌丛、农田、水塘、村庄、林地等不同生境被破坏程度的实际情况和湿地水资源开发利用与保护的需要，研究制定湿地生态环境修复规划和实施方案，重点做好湖泊水面杂物清理、水质净化、水系贯通、河流清淤、退田还湖、林地植被修复、地面恢复软化、发展生态农业等工作，最大限度地恢复湿地自然生态属性，逐步完善湿地生态服务功能，优化地表径流方式。为更好地吸纳湖泊水域污染物，有效控制湿地地表径流流速，十八索湿地湖泊自然保护区内湖泊驳岸应当尽可能地采取水生植物驳岸、草坡入水驳岸等自然驳岸方式。

此外，针对十八索湿地湖泊自然保护区自然生境特点，对部分湿地基底进行开挖，用余土建设人工浮岛，以进一步扩大岸线，丰富湿地生态环境层次。

3. 规范养殖业，禁止围网养殖和非法捕捞

十八索湿地湖泊自然保护区及其周边养殖业比较发达，主要是养殖鱼类和小龙虾，是当地村民主要经济来源产业之一。保护区以及属地地方政府要结合地方区域性湿地湖泊生态红线划定，进一步修订完善湿地湖泊养殖业管理制度和地方性法规，加强日常巡查监督和违规违法行为处罚力度。一是坚决清除所有人工围网养鱼设施，拆除湿地养殖水域内过多的增氧泵、自动投饵机等设施设备，禁止在河塘和湖汊内私自养殖小龙虾。二是进一步规范十八索湿地湖泊自然保护区及其周边猪、鸡、鸭等畜禽养殖业，严格管控畜禽粪便，禁止将病死的畜禽直接丢弃至湿地湖泊，避免污染湿地水域。三是对拉杆拉鱼、电力捕鱼、药物捕鱼等非法捕捞行为要严防死守，一经发现严格依法依规追究责任。

4. 控制生态入侵，维护湿地湖泊生物多样性稳定与安全

生态入侵，即外来物种进入已建好的生态系统，造成了生态污染和生物多样性的丧失或削弱，或者在相对完整的植被中起支配作用，甚至完全替换它。外来物种一旦入侵，就会严重威胁到湿地湖泊群落生物多样性安全，不同程度地破坏湖泊湿地自然生态系统结构，弱化其生态服务功能。十八索湿地湖泊自然保护区内易入侵的外来物种主要有巴西凤眼蓝、加拿大"一枝黄花"等。因此，十八索湿地湖泊自然保护区需要加强日常巡查，一经发现外来物种，及时彻底清除，以维护湿地湖泊生态系统的稳定性。与此同时，还要以湿地自然保护区内滨水缓冲带为基础，对沉水、挺水以及浮水植物进行适度布置。

5. 提倡采取生物灭螺，规范血吸虫病防治流程

钉螺是血吸虫的唯一中间宿主。十八索湿地自然保护区内一些湖汊以及青通河等河流易滋生钉螺，为血吸虫感染和传播提供了有利条件。近年来，在池州市贵池区人民政府的大力支持下，通过人工施药灭螺控制血吸虫感染和传播取得明显效果，但用药不当或过度用药，同样会破坏湿地自然生态环境，影响湿地水资源质量和安全。因此，要科学掌控十八索湿地自然保护区钉螺繁殖规模，精准研判保护区范围内钉螺感染和传播血吸虫的趋势，采取科学防治措施，推广采取生物灭螺方法（如钉螺天敌水蛭等），适当开展物理灭螺（如火烧、深埋等），最大限度地避免过度用药灭螺（如五氯酚钠、烟酰苯胺、氯乙酰胺等）。此外，切勿简单地在保护区内采取硬化地面方式灭螺，以免人为干扰和破坏湿地地表径流，弱化湿地水资源生态服务功能。

参考文献

[1] 俞孔坚.建筑与水涝共生：哈尔滨群力雨洪公园 [J].景观设计，2020，100（4）：17-21.

[2] 周为峰，李英雪，程田飞，等.栖息地适宜性指数模型在鱼类生境评价中的应用进展 [J].渔业信息与战略，2020，35（1）：48-54.

[3] 韩洁，宋蒙蒙，张杰，等.浑河流域大型底栖动物摄食功能群对栖息地环境的选择适应性 [J].生态学报，2019，39（6）：2013-2020.

[4] 吴迪，岳峰，罗祖奎，等.上海大莲湖湖泊湿地两栖动物群落分布及生境选择模式 [J].复旦学报（自然科学版），2011，50（3）：268-273.

[5] 张璐，范朋飞.中国水獭保护现状及珠江口水獭种群重建探讨 [J].兽类学报，2020，40（1）：71-80.

[6] 金龙如，孙克萍，贺红士，等.生境适宜度指数模型研究进展 [J].生态学杂志，2008（5）：163-168.

[7] 易雨君，张尚弘.水生生物栖息地模拟方法及模型综述 [J].中国科学：技术科学，2019，49（4）：363-377.

[8] 杨云峰.城市湿地公园中鸟类栖息地的营建 [J].林业工程学报，2013，27（6）：89-94.

[9] 李艳英，田杰，刘红磊，等.鸻鹬类水鸟的生境需求选择与生境恢复策略 [J].湿地科学与管理，2020，16（4）：23-26.

[10] 莫英敏，谢汉宾，李贲，等.崇明东滩冬季不同管理模式下水稻田水鸟群落特征及其生境分析 [J].动物学杂志，2017，52（4）：583-591.

[11] 任璘婧，李秀珍.长江口滩涂湿地景观变化对典型水鸟生境适宜性的影响 [J].长江流域资源与环境，2014，23（10）：1367-1374.

[12] 叶静琏，杨凡，包志毅.湿地公园鸟类栖息地植物群落构建模式研究 [A].中国风景园林学会.中国风景园林学会2018年会论文集 [C].中国风景园林学会：中国风景园林学会，2018：3.

[13] 汪芳琳，纪娜娜，王凤芹，等.平天湖湿地水资源利用及其保护对策 [J].长江大学学报（自然科学版），2019，16（11）：102-106.

[14] 王蓉.湿地水资源保护管理对策构想 [J].林业经济问题，2004（6）：324-327.

[15] 季阳.湿地水环境存在的问题及保护措施研究 [J].皮革制作与环保科技，2021，2

（14）：60-61.

[16] 王富强，张红璐，赵衡，等 . 三门峡库区湿地水资源利用效用评价 [J]. 人民黄河，2021，43（3）：69-73，101.

[17] 杨鹏，陈熙，方宏民，等 . 安徽省贵池十八索省级自然保护区鸟类多样性调查 [J]. 安徽林业科技，2017，43（1）：9-14.

[18] 徐志辉 . 锦州市湿地资源现状、分布特点及管理建议 [J]. 内蒙古林业调查设计，2020，43（6）：53-54，56.

[19] 汪芳琳 . 十八索湿地生物多样性特征及其保护研究 [J]. 湖南文理学院学报（自然科学版），2016，28（1）：35-40.

[20] 洪登华，王雪，霍家佳，等 . 浅析我国农村面源污染防控标准体系构建 [J]. 中国标准化，2021，（11）：107-111.

[21] 汪芳琳，王新云，王风芹，等 . 安徽省湿地现状、问题及其保护对策研究 [J]. 安庆师范大学学报（自然科学版），2017，23（3）：80-86.

[22] 王欢 . 宝鸡市金渭湖富营养化评价及治理措施 [J]. 水资源与水工程学报，2011，22（5）：100-102，106.

[23] 王建军，赵宝玉，李明涛，等 . 生态入侵植物豚草及其综合防治 [J]. 草业科学，2006，23（4）：71-75.

[24] 汪芳琳，高唯微，王风芹，等 . 平天湖湿地生物多样性特征及其保护对策研究 [J]. 广东石油化工学院学报，2018，28（6）：78-82.

[25] 王凯红 . 探讨湿地公园生态修复设计 [J]. 农业与技术，2021，41（19）：88-90.

[26] 李玉凤，刘红玉 . 湿地分类和湿地景观分类研究进展 [J]. 湿地科学，2014（1）：102-108.

[27] 张翼然，周德民，刘苗 . 中国内陆湿地生态系统服务价值评估——以 71 个湿地案例点为数据源 [J]. 生态学报，2015（13）：4279-4286.

[28] 孙长霞，贺超，吴成亮 . 建立健全我国湿地生态补偿的必要性和难点 [J]. 安徽农业科学，2011（20）：12406-12408.

[29] 杨新荣 . 湿地生态补偿及其运行机制研究——以洞庭湖区为例 [J]. 农业技术经济，2014（2）：103-113.

[30] 刘子刚，卫文斐，刘喆 . 我国湿地生态补偿存在的问题及对策 [J]. 湿地科学与管理，2015（4）：32-36.

[31] 胡其图 . 生态文明建设中的政府治理问题研究 [J]. 西南民族大学学报（人文社会科学版），2015（3）：209-212.

[32] 靳乐山，楚宗岭，邹苍改 . 不同类型生态补偿在山水林田湖草生态保护与修复中的作用 [J]. 生态学报，2019（23）：8709-8716.

[33] 朱熹群 . 生态治理的多元协同：太湖流域各案 [J]. 改革，2017（2）：96-107.

[34] 康京涛.生态修复市场化的法理解构与困境突围 [J].中南大学学报（社会科学版），2018（4）：61-69.

[35] 范战平.论我国环境污染第三方治理机制构建的困境及对策 [J].郑州大学学报（哲学社会科学版），2015（2）：41-44.

[36] 张劲松.生态治理：政府主导与市场补充 [J].福州大学学报（哲学社会科学版），2013（5）：5-12.

[37] 刘桂环，朱媛媛，文一惠，等.关于市场化多元化生态补偿的实践基础与推进建议 [J].环境与可持续发展，2019（4）：30-34.

[38] 潘佳，汪劲.中国湿地保护立法的现状、问题与完善对策 [J].资源科学，2017（4）：795-804.

[39] 唐小平，程良，张阳武，等.湿地产权确权理论基础与实现途径研究 [J].湿地科学，2018（4）：451-456.

[40] 唐圣囡，李京梅.美国湿地补偿银行制度运转的关键点及对中国的启示 [J].湿地科学，2018（6）：764-770.

[41] 王夏晖，张箫.我国新时期生态保护修复总体战略与重大任务 [J].中国环境管理，2020（6）：82-87.

[42] 郑永莉，高飞，韩帆影.湿地旅游景观资源开发生态保护策略研究 [J].安徽农业科学，2021，49（16）：93-96.

[43] 陈蓓.若尔盖湿地旅游景观生态美学感知与评价研究 [J].山西农经，2021（1）：97-98.

[44] 石嫚，王丽丽.湿地开发要以生态保护为主 [J].环境经济，2020（11）：68-69.

[45] 葛静.天津市北大港湿地观鸟保护与旅游开发对策研究 [D].桂林：广西师范大学，2020.

[46] 张祖海.云南省大理州湿地景观资源旅游开发与利用 [J].内蒙古林业，2019（5）：32-35.

[47] 李龙.皖北地区湿地旅游资源评价及分类开发研究 [J].长白山大学学报，2017，38（5）：39-43.

[48] 冯威，赵成章，岳冉，等.张掖国家湿地公园冬春季鸟类群落多样性和相似性分析 [J].生态学杂志，2017，36（8）：2224-2231.

[49] 李璇.额尔齐斯河科克托海湿地自然保护区的植物景观资源 [J].园林，2017（7）：58-62.

[50] 孙倩，王晓玉，韩雪，等.安徽淠河湿地植物物种多样性 [J].湿地科学，2018，16（5）：664-670.

[51] 田绢花.有效保护生态系统与合理利用湿地资源——四川营山清水湖国家湿地公园总体规划布局与使用方式研究 [J].中国园林，2018，34（S1）：58-62.

[52] 宋卓嵘. 梵净山景区旅游开发与运营分析 [D]. 贵阳：贵州大学，2016.

[53] 王丽. 近 20 年来纳帕海湿地景观格局变化及其对黑颈鹤生境质量的影响研究 [D]. 昆明：云南大学，2015.

[54] 任金铜，杨可明，王志红，等. 草海湿地区域土地利用景观格局时空变化特征研究 [J]. 人民长江，2018，49（17）：18-23.

[55] 文博，朱高立，夏敏，等. 基于景观安全格局理论的宜兴市生态用地分类保护 [J]. 生态学报，2017，37（11）：3881-3891.

[56] 王晓媛，江波，田志福，等. 冬季安徽菜子湖水位变化对主要湿地类型及冬候鸟生境的影响 [J]. 湖泊科学，2018，30（6）：1636-1645.

[57] 蒋本超，戚秀云. 哈尔滨市松江湿地保护现状及生态修复策略研究 [J]. 环境科学与管理，2016，41（2）：146-149.

[58] 段赟婷，凌曦. 历时 5 年《全球环境展望 6》发布：地球已受到严重破坏 [J]. 世界环境，2020（2）：28-30.

[59] 韩红霞，高峻，刘广亮，等. 英国大伦敦城市发展的环境保护战略 [J]. 国际城市规划，2004，19（2）：60-64.

[60] 侯方淼，李培，陈勇. 世界部分国家湿地保护法律制度比较及启示 [J]. 世界林业研究，2021，34（5）：1-7.

[61] 刘召峰，周冯琦. 全球城市之东京的环境战略转型的经验与借鉴 [J]. 中国环境管理，2017，9（6）：103-107.